basic hair cut

BASIC HAIR CUT

기본 헤어 커트

저자 김관옥

· 동남보건대학교 뷰티케어과 교수

기본 헤어 커트
BASIC HAIR CUT

초판 인쇄 | 2022년 7월 15일
초판 발행 | 2022년 7월 25일
개정 1판 발행 | 2025년 4월 30일

지은이 | 김관옥
발행인 | 조규백
발행처 | 도서출판 구민사
(07293) 서울특별시 영등포구 문래북로 116, 604호(문래동3가 46, 트리플렉스)
전화 | 02.701.7421
팩스 | 02.3273.9642
홈페이지 | www.kuhminsa.co.kr

신고번호 | 제 2012-000055호 (1980년 2월4일)
ISBN | 979-11-6875-545-1 (93590)

값 32,000원

PREFACE

헤어스타일을 디자인하는데 가장 기본이 되는 작업이라 할 수 있는 커트는 형태에 따라 두상의 단점을 보완할 수 있고 다양한 스타일을 표현할 수 있습니다. 커트는 헤어디자인 연출에 필요한 여러 가지 분야 중 하나이며 업스타일, 퍼머넌트 웨이브 등과는 달리 가위나 레저 등으로 모발을 감소시키면서 헤어스타일을 디자인 합니다. 커트로 인해 볼륨을 구사하고, 모발의 흐름을 만들어 내기 때문에 정확한 기초이론을 근거로 지식을 습득해야만 하고 다양한 경험을 통한 기술과 지식을 정립할 필요가 있습니다.

본 교재는 두상의 명칭과 구역의 명칭, 커트의 중요한 요소와 순서, 커트 자세, 커트 기법, 질감 처리기법, 커트의 기본 4가지 형태(원랭스, 그래쥬에이션, 세임 레이어, 하이 레이어) 등으로 기초이론을 구성하였고, 4가지 기본 형태를 중심으로 한 실기는 두상을 이해하고 도해도 구상이 가능하며 다양한 커트디자인을 응용할 수 있도록 구성 하였습니다.

부디 본 교재가 커트를 배우고자 하는 학생들과 현장 전문가들에게 유용한 지침서가 되길 바랍니다. 미비한 점은 앞으로 보완할 것을 약속드리며, 마지막으로 본 교재의 출판을 위해 노력해주신 구민사 임직원 여러분들께 감사의 마음을 전합니다.

저자

CONTENTS

BASIC HAIR CUT

제1강
오리엔테이션

1

학습목표

수업계획서를 통하여 커트의 교육목표와 수업개요를 살펴본다.

1. 교육목표

기본 헤어 커트는 두상 곡선의 특징을 이해하고 헤어 디자인의 기본적인 형태를 만들 수 있도록 한다. 커트의 구조적 기초 이론을 정확히 이해한 후 기본자세와 가위 테크닉에서부터 시작하여 나아가 도해도 분석을 통한 커트의 기본 스타일을 학습한다. 원랭스, 그라데이션, 세임 레이어, 하이 레이어 등 커트의 기본 4가지 형태를 시술할 수 있도록 한다. 본 교과목은 두상의 지점과 명칭, 두상의 구역 분할과 명칭, 섹션, 베이스 컨트롤, 시술 각도, 빗질 방향, 가위의 종류 및 테크닉, 도구의 종류, 커트 자세 등 이론을 통해 도해도를 학습하고 그에 따른 모발의 변화를 이해할 수 있도록 한다. 원랭스(수평 라인, 전대각 라인, 후대각 라인), 그레쥬에이션(각도에 따른 하이, 미듐, 로우), 세임 레이어, 하이 레이어의 이론을 통해 학습하고 직접 시술 가능하도록 트레이닝 한다. 모든 헤어 디자인을 하기 위해 두상의 특징을 잘 파악하여 그에 따른 모발의 변화를 이해할 수 있도록 학습한다.

2. 수업개요 설명

수업진행 방식 소개

- 시청각 자료 및 교재 등을 활용한다.
- 실기 수업 시 데몬스트레이션을 진행한다.
- 개인별 지도를 병행한다.
- 질의응답으로 학습자의 이해도를 돕는다.

3. 수업 평가 방법 소개

적용 비율	시험성적 (중간 · 기말시험 등) 60%		과제물, 예 · 복습, 출석 등 40%		
	중간고사 (30%)	기말고사 (30%)	과제점수 (10%)	출석점수 (20%)	기타 (10%)

4. 준비물 공지

<table>
<tr><th>주차</th><th>주별주제</th><th colspan="2">준비물</th></tr>
<tr><td>1</td><td>오리엔테이션</td><td colspan="2">필기도구, 수업계획서</td></tr>
<tr><td>2</td><td>헤어 디자인 및 두상의 이해</td><td colspan="2" rowspan="4">교재, 필기도구</td></tr>
<tr><td>3</td><td>커트의 요소 및 순서</td></tr>
<tr><td>4</td><td>커트의 4가지 기본형</td></tr>
<tr><td>5</td><td>커트의 시술도구와 자세 및 테크닉</td></tr>
<tr><td>6</td><td>기본 헤어 커트 실습 1(원랭스 수평)</td><td colspan="2">커트 도구 일체
(가위, 레져, 빗, 클립, 분무기,
커트보, 스폰지, 홀더, 위그,
신문지 등), 교재, 필기도구</td></tr>
<tr><td>7</td><td colspan="3">중간고사</td></tr>
<tr><td>8</td><td>기본 헤어 커트 실습 2(원랭스 전대각)</td><td colspan="2" rowspan="5">커트 도구 일체
(가위, 레져, 빗, 클립, 분무기,
커트보, 스폰지, 홀더, 위그,
신문지 등), 교재, 필기도구</td></tr>
<tr><td>9</td><td>기본 헤어 커트 실습 3(원랭스 후대각)</td></tr>
<tr><td>10</td><td>기본 헤어 커트 실습 4(그래쥬에이션)</td></tr>
<tr><td>11</td><td>기본 헤어 커트 실습 5(세임 레이어)</td></tr>
<tr><td>12</td><td>기본 헤어 커트 실습 6(하이 레이어 1)</td></tr>
<tr><td>13</td><td>기본 헤어 커트 실습 7(하이 레이어 2)</td><td rowspan="2">"</td><td>과제 제출</td></tr>
<tr><td>14</td><td>기본 헤어 커트 실습 8
(혼합형 그래쥬에이션+레이어)</td><td>기말고사
준비물공지</td></tr>
<tr><td>15</td><td colspan="3">기말고사</td></tr>
</table>

5. 수업계획서(SYLLABUS)

<table>
<tr><td>교과목</td><td>기본 헤어 커트</td><td>학수번호</td><td></td><td>학점 및 주당시간</td><td></td></tr>
<tr><td rowspan="2">학 과</td><td rowspan="2"></td><td rowspan="2">담당교수</td><td rowspan="2"></td><td colspan="2">연락처:</td></tr>
<tr><td colspan="2">E-mail:</td></tr>
</table>

수업 목표	기본 커트는 두상 곡선의 특징을 이해하고 헤어 디자인의 기본적인 형태를 만들 수 있도록 한다. 커트의 구조적 기초 이론을 정확히 이해한 후 기본자세와 가위 테크닉에서부터 시작하여 나아가 도해도 분석을 통한 커트의 기본 스타일을 학습한다. 원랭스, 그라데이션, 세임 레이어, 하이 레이어 등 커트의 기본 4가지 형태를 시술할 수 있도록 한다. 본 교과목은 두상의 지점과 명칭, 두상의 구역 분할과 명칭, 섹션, 베이스 컨트롤, 시술 각도, 빗질 방향, 가위의 종류 및 테크닉, 도구의 종류, 커트 자세 등 이론을 통해 도해도를 학습하고 그에 따른 모발의 변화를 이해할 수 있도록 한다. 원랭스(수평 라인, 전대각 라인, 후대각 라인), 그레쥬에이션(각도에 따른 하이, 미듐, 로우), 세임 레이어, 하이 레이어의 이론을 통해 학습하고 직접 시술 가능하도록 트레이닝 한다. 모든 헤어 디자인을 하기 위해 두상의 특징을 잘 파악하여 그에 따른 모발의 변화를 이해할 수 있도록 학습한다.

수업 진행 방식	이론(강의 및 시청각 자료) 및 실습 1. 수업은 주별 강의주제에 따라 진행한다. 2. 교수 강의와 학생들의 실습을 병행한다. 3. 시청각 자료 및 동영상 자료 등을 활용한다.

<table>
<tr><td rowspan="2">적용 비율</td><td colspan="2">시험성적(중간 · 기말시험 등) 60%</td><td colspan="3">과제물, 예 · 복습,출석 등 40%</td></tr>
<tr><td>중간고사
(30%)</td><td>기말고사
(30%)</td><td>과제점수
(10%)</td><td>출석점수
(20%)</td><td>기타
(10%)</td></tr>
<tr><td>학습 평가 방법</td><td colspan="5">교과목별 해당 수업 시간수의 1/4 이상 결석 시 낙제처리 됨(F)
중간고사 - 이론시험(30점)
기말고사 - 실기시험(30점)
과제 및 기타 - (20점)
출석-1/4 이상 결석 시 F(20점)</td></tr>
</table>

<table>
<tr><td colspan="5">교재 및 참고도서</td></tr>
<tr><td>저 자</td><td>출판년도</td><td>서 명</td><td>출판사</td><td>출판지</td></tr>
<tr><td></td><td></td><td></td><td></td><td></td></tr>
<tr><td></td><td></td><td></td><td></td><td></td></tr>
<tr><td></td><td></td><td></td><td></td><td></td></tr>
<tr><td></td><td></td><td></td><td></td><td></td></tr>
</table>

6. 주별 진도 계획 및 내용

주차	주별주제	수업 계획 및 내용	수업 진행방식	과제물, 시험, 준비물
1	오리엔테이션	과목소개, 교수소개, 강의계획서, 수업진행 방식에 대한 전반적인 오리엔테이션	강의	강의계획서 배포 자기소개서 제출, 과제 공지
2	헤어 디자인 및 두상의 이해	1. 헤어 커트의 역사 2. 헤어 디자인의 개념 3. 두상의 이해 및 두상 포인트 용어	강의	교재, 필기도구
3	커트의 요소 및 순서	1. 섹션 2. 머리 위치 3. 파팅 4. 베이스 5. 빗질 방향 6. 각도 7. 손가락 위치 8. 가이드 라인 9. 길이 10. 형태선	강의	교재, 필기도구
4	커트의 4가지 기본형	1. 커트의 4가지 기본형	강의	교재, 필기도구
5	커트의 시술도구와 자세 및 테크닉	1. 커트 도구 2. 커트 도구의 명칭 3. 가위 잡는 법 4. 커트 기법 5. 질감 기법	강의	교재, 필기도구
6	기본 헤어 커트 실습 1 (원랭스 수평)	원랭스 수평의 시술방법 및 디자인의 이해	강의 및 실습	커트 도구 일체 (가위, 레저, 빗, 클립, 분무기, 커트보, 스폰지, 홀더, 위그, 신문지 등), 교재, 필기도구
7	중간고사			
8	기본 헤어 커트 실습 2 (원랭스 전대각)	원랭스 전대각의 시술방법 및 디자인의 이해	강의 및 실습	커트 도구 일체 (가위, 레저, 빗, 클립, 분무기, 커트보, 스폰지, 홀더, 위그, 신문지 등), 교재, 필기도구
9	기본 헤어 커트 실습 3 (원랭스 후대각)	원랭스 후대각의 시술방법 및 디자인의 이해	강의 및 실습	"
10	기본 헤어 커트 실습 4 (그래쥬에이션)	그래쥬에이션의 시술방법 및 디자인의 이해	강의 및 실습	"
11	기본 헤어 커트 실습 5 (세임 레이어)	세임 레이어의 시술방법 및 디자인의 이해	강의 및 실습	"
12	기본 헤어 커트 실습 6 (하이 레이어 1)	하이 레이어의 시술방법 및 디자인의 이해	강의 및 실습	"
13	기본 헤어 커트 실습 7 (하이 레이어 2)	하이 레이어의 시술방법 및 디자인의 이해	강의 및 실습	" 과제제출
14	기본 헤어 커트 실습 8 (혼합형 그래쥬에이션+레이어)	혼합형 그래쥬에이션+레이어의 시술방법 및 디자인의 이해	강의 및 실습	" 기말고사 준비물 공지
15	기말고사			

BASIC HAIR CUT

2

제2강
헤어 디자인 및 두상의 이해

학습목표

헤어 디자인의 개념을 이해하고 커트의 역사를 학습한다.

두상을 이해하고 포인트와 각 구역의 명칭을 알아본다.

1. 헤어 커트의 역사

1) 1960년대

독일의 건축학교인 바우하우스의 영향으로 기하학적인 커트가 유행하기 시작한다. 대표적인 인물은 비달사순으로 단순하면서도 심플한 디자인의 손쉬운 손질법으로 큰 호평을 받았으며 뒷머리는 하이 그래쥬에이션으로 짧게, 옆머리는 얼굴방향으로 점점 길게 커트하며 큰 변화를 가져왔다.

2) 1970~80년대

60년대에 이어 70년대에도 기하학적인 커트는 꾸준히 유행하였다. 가위의 움직임에 따른 변화를 이용하여 질감처리 기법들이 발전하였고, 커트 방법의 발전에 따라 컨케이브(A라인)와 컨벡스(U라인)의 다양한 디자인 커트를 선보였다.

3) 1990년대

디스커넥션 커트가 등장하며 디자인에 대한 독창성을 추구하였고, 세로 파팅을 이용하여 커트를 시도하는 등 디자인의 다양화가 확대 되었다.

4) 2000년대

유행의 패턴이 빠르게 변화 되었으며 유럽에서 시작한 디스커넥션 기법을 아시아에서도 응용하여 더욱 다양하고 개성있는 헤어디자인들이 발전되고 확대 되었다.

2. 헤어 디자인의 개념

헤어 디자인이란 미적인 표현뿐만 아니라 기능적인 면과 개성 있는 얼굴을 표현하기 위한 예술의 한 분야이다. 헤어디자인의 구성요소는 형태, 질감, 색이라고 할 수 있으며, 이것을 헤어디자인의 3요소라고 한다. 이것을 적절하게 변화시키면 다양한 디자인 창조를 할 수 있을 뿐만 아니라 이미지 개선에 긍정적인 효과가 나타나므로 근본적인 목적을 가지고 분석을 할 수 있는 능력을 길러야 한다. 헤어 디자인의 3요소인 형태, 질감, 색의 특징은 다음과 같다.

1) 형태

형태의 기본요소는 점, 선, 면으로 이것이 모여 입체를 만들고 형태를 이룬다. 헤어 디자인의 모양을 나타내며 윤곽선이나 실루엣에 의해 결정된다.

2) 질감

모발이 모여 표면에 나타나는 심리적인 상태를 질감이라고 한다. 커트에서의 질감은 모발의 잘린 끝이 시각적으로 표면에 다르게 나타나는 것에 대해 표현한다. 커트는 크게 4가지 기본형인 원랭스, 그래쥬에이션, 세임 레이어, 하이 레이어로 나눌 수 있다. 원랭스는 모발의 잘린 끝이 보이지 않고, 세임 레이어와 하이 레이어는 모발의 잘린 끝이 보이며, 그래쥬에이션은 이 두 가지를 혼합한 질감으로 표현한다.

3) 색

모든 사물은 빛에 의해 반사되어 눈에 들어오는 각기 다른 파장으로 생기는 물리적 지각현상으로 인해 색을 인지하게 된다. 헤어디자인에서 컬러는 형태의 질감과 부피감에 영향을 주고, 색의 깊이감에 따라서 입체감과 방향감이 달라질 수 있으므로 헤어디자인의 중요한 요소 중 하나라고 할 수 있다.

3. 두상의 이해 및 두상 포인트 용어

1) 두상 포인트

커트 시술 시 정확성을 위해 두상의 특정 포인트들을 연결하여 섹션 또는 파팅을 한다. 이 두상 포인트들은 모든 헤어 시술에서 사용되어 매우 중요하다.

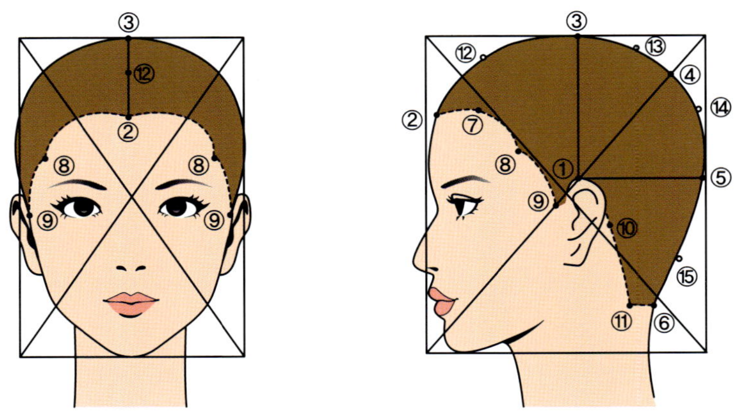

번 호	약 어	용 어
①	E.P	Ear Point
②	C.P	Center Point
③	T.P	Top Point
④	G.P	Golden Point
⑤	B.P	Back Point
⑥	N.P	Nape Point
⑦	F.S.P	Front Side Point
⑧	S.P	Side Point
⑨	S.C.P	Side Corner Point
⑩	E.B.P	Ear Back Point
⑪	N.S.P	Nape Side Point
⑫	C.T.M.P	Center Top Medium Point
⑬	T.G.M.P	Top Golden Medium Point
⑭	G.B.M.P	Golden Back Medium Point
⑮	B.N.M.P	Back Nape Medium Point

두상포인트 체크하기

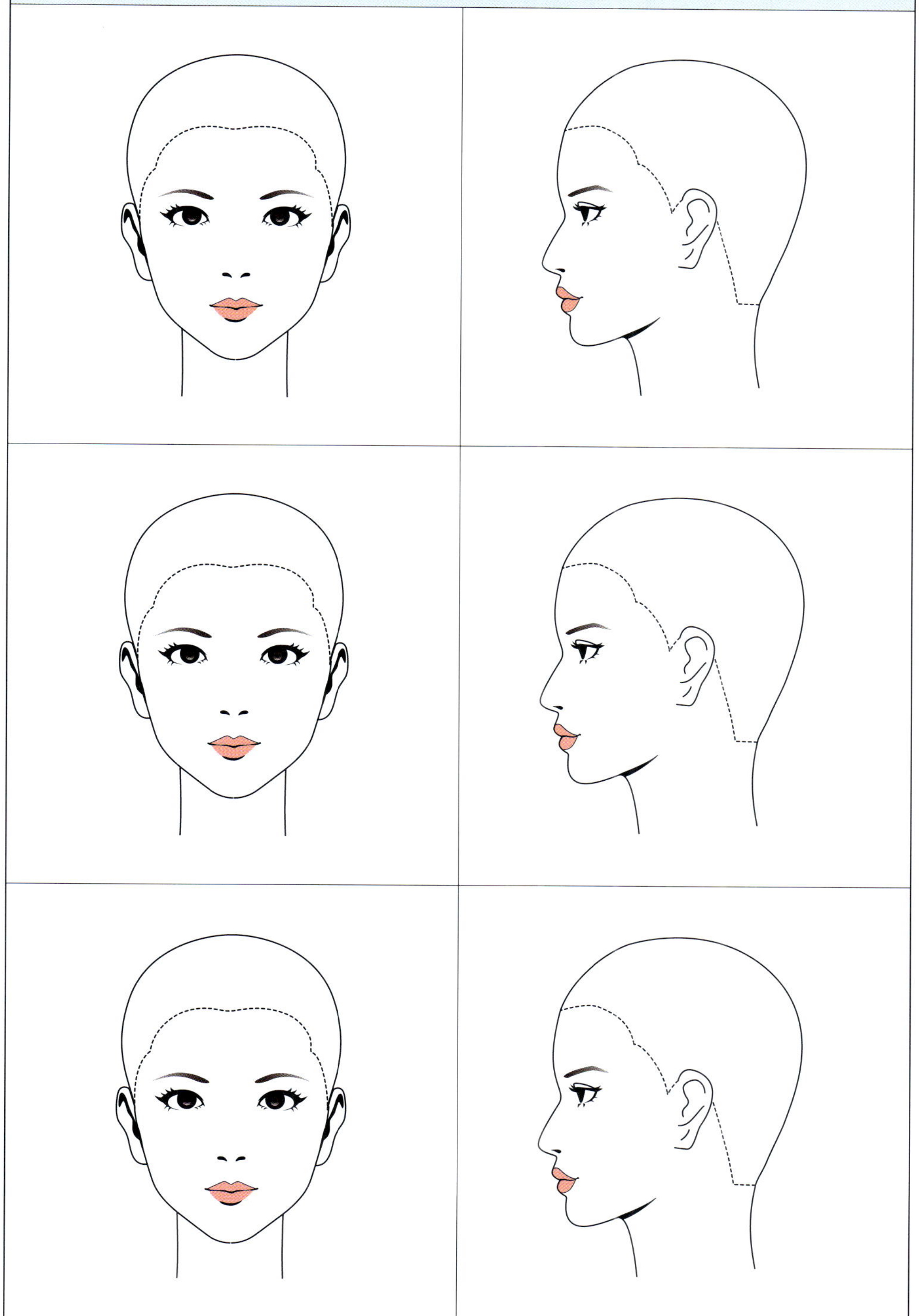

2) 두상 5등분 명칭

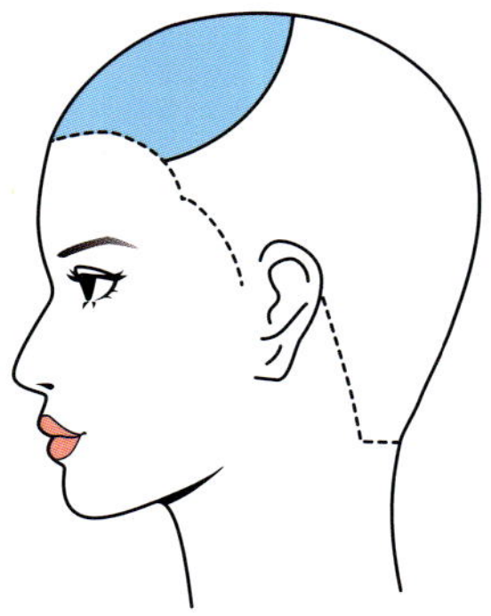

| 전두부(Front)

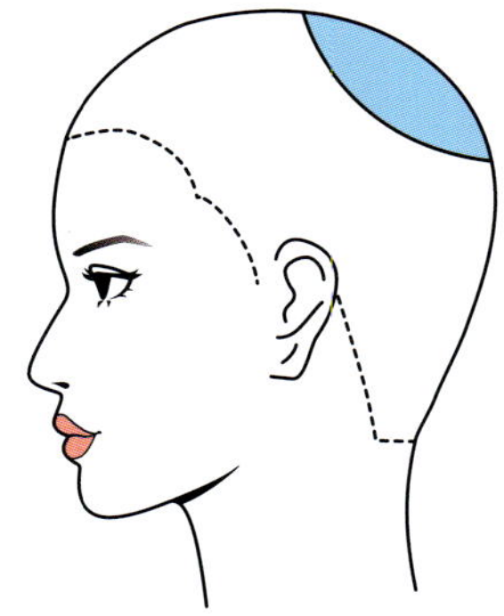

| 두정부(Crown)

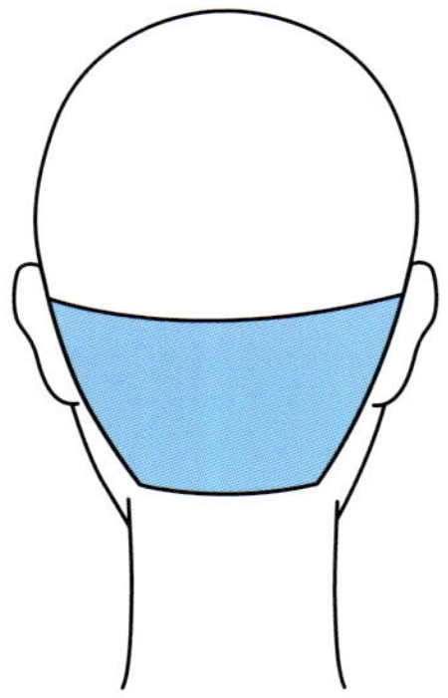

| 후두부(Nape)

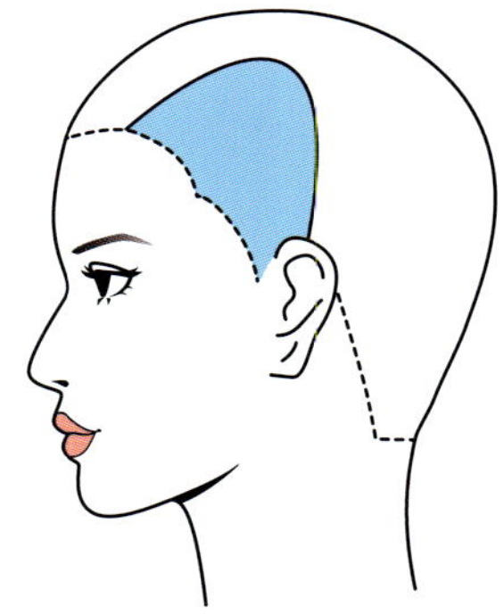

| 측두부(Side)

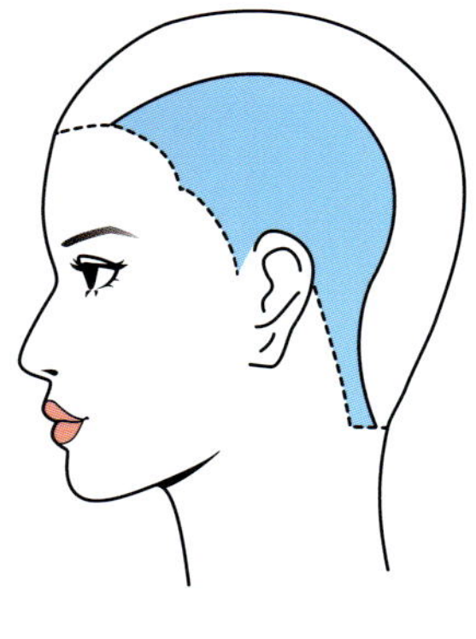

| 곡선(Curve Section)

3) 두상 3등분 명칭

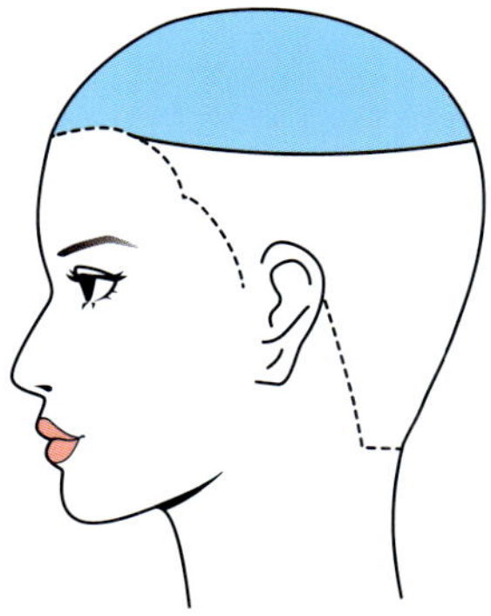

| 인테리어(Interior)

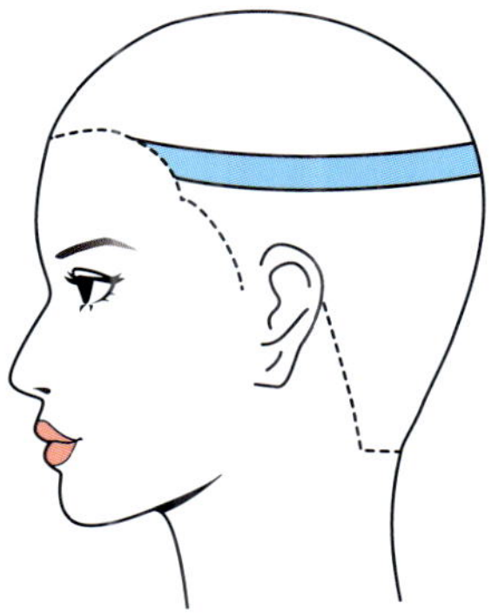

| 크레스트(Crest)

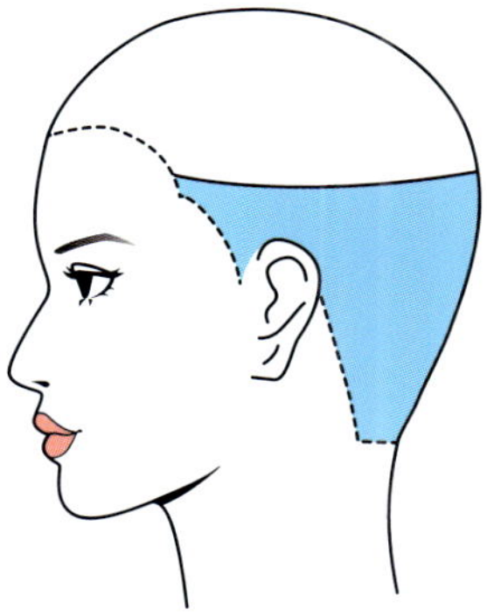

| 엑스테리어(Exterior)

BASIC
HAIR
CUT

3

제3강 커트의 요소 및 순서

학습목표

커트의 중요 요소들을 알아본다.

커트의 순서를 이해한다.

1. 섹션(section)

1) 센터

센터 포인트와 네이프 포인트를 기준으로 나눈 섹션이다. 좌우 대칭을 위해 사용한다.

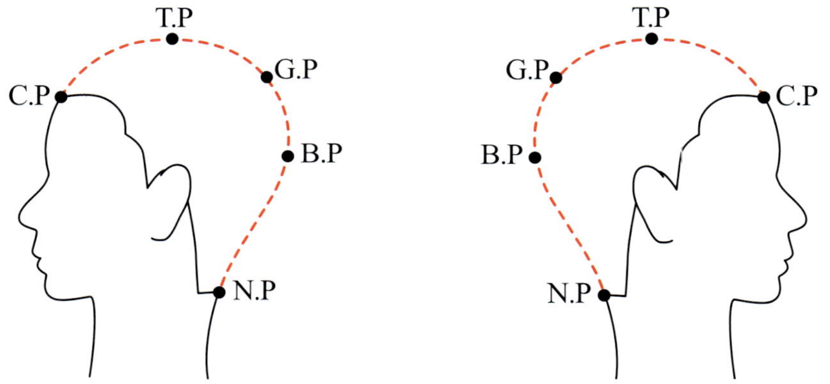

2) 이어 투 이어

오른쪽 이어 포인트와 왼쪽 이어 포인트를 기준으로 두상의 앞과 뒤를 나눈 섹션이다.

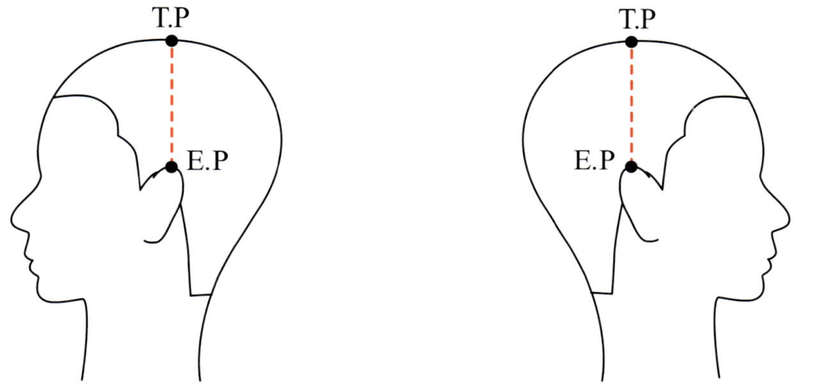

3) 사이드

센터 섹션과 이어 투 이어 섹션이 겹쳐진다.

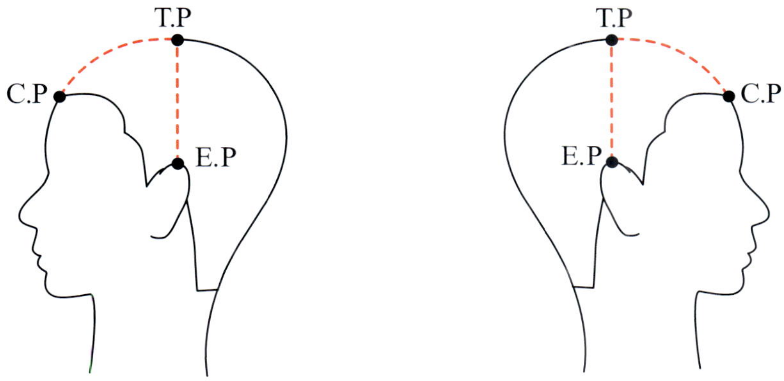

4) 리세션

양쪽 프론트 사이드 포인트와 백 포인트를 연결한 섹션이다. 디스커넥션 커트 등 다양한 형태선을 나타내기 위해 사용한다.

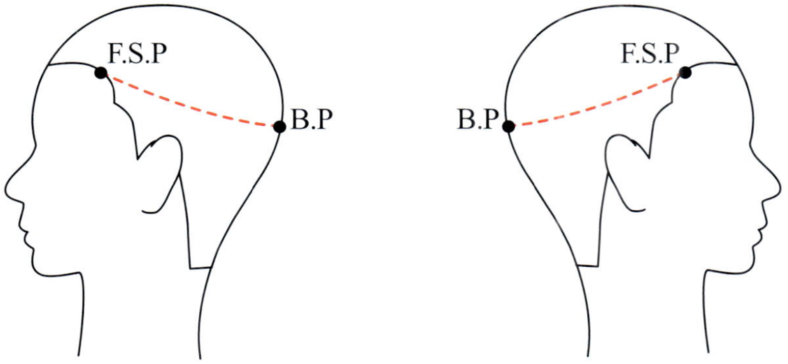

5) 프린지

양쪽 프론트 사이드 포인트를 기준으로 나눈 섹션이다. 앞머리를 만들 때 사용한다.

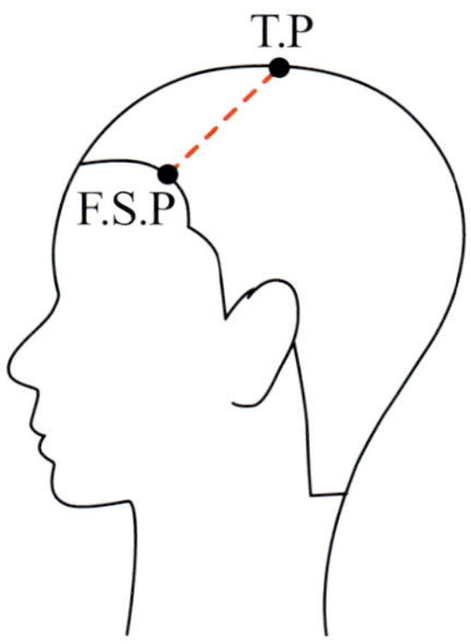

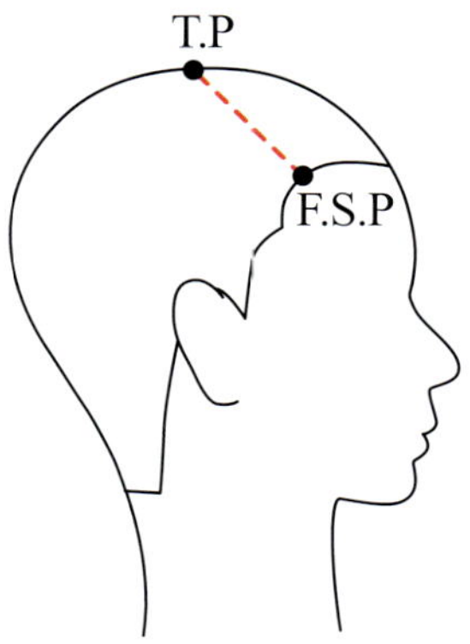

6) 라운드

센터 탑 미듐 포인트에서 백 포인트를 연결하여 나눈 섹션이다. 형태선을 먼저 만들 때 사용한다.

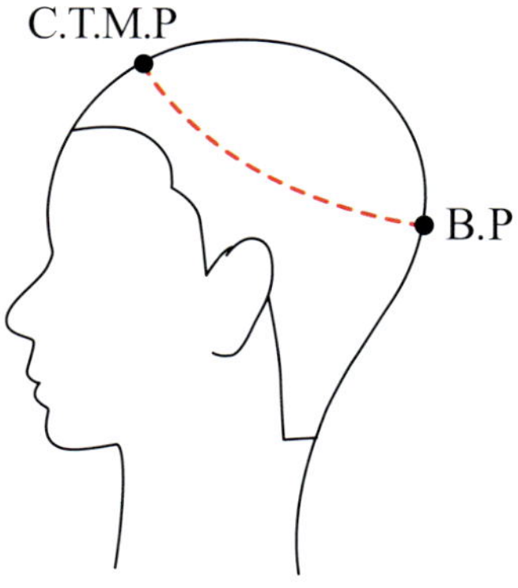

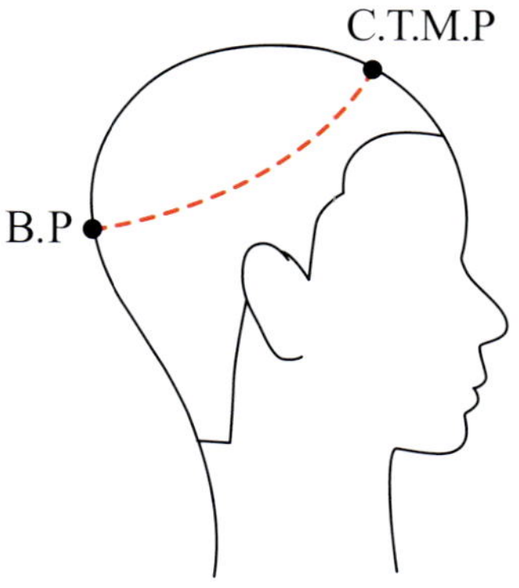

7) U라인

양쪽 프론트 사이드 포인트와 골덴 포인트를 연결한 섹션이다. 골덴 포인트에서 길이를 결정하여 커트한다.

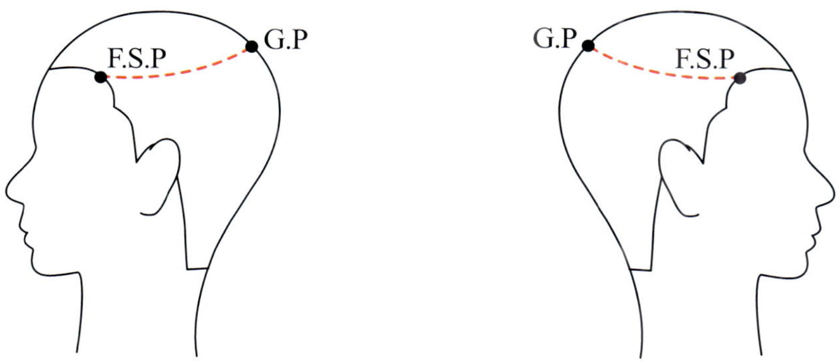

<table>
<tr><th colspan="3">섹션 실습</th></tr>
<tr><td rowspan="2">센터</td><td>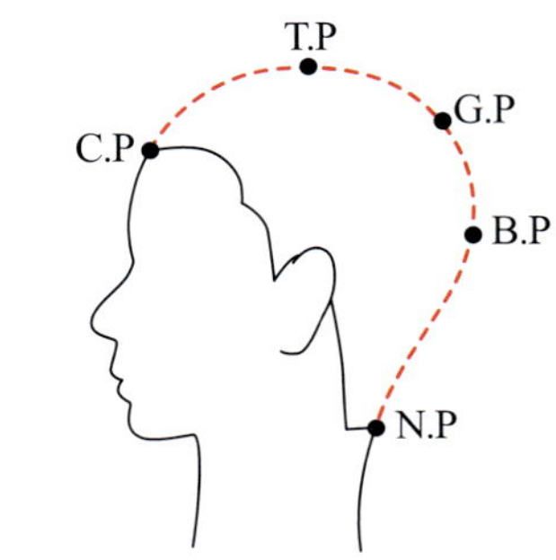
</td><td></td></tr>
<tr><td>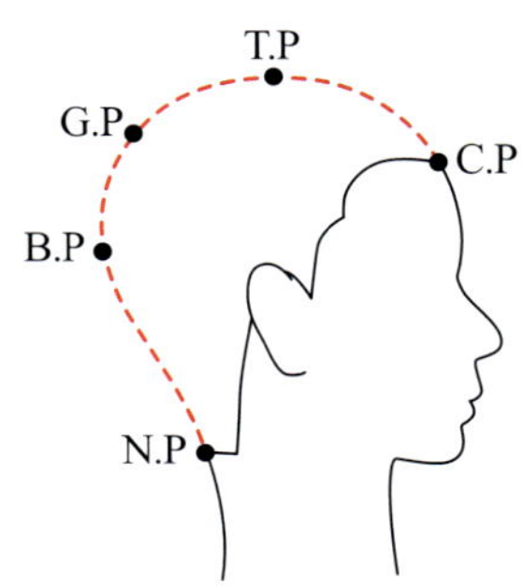
</td><td></td></tr>
<tr><td rowspan="2">이어
투 이어</td><td>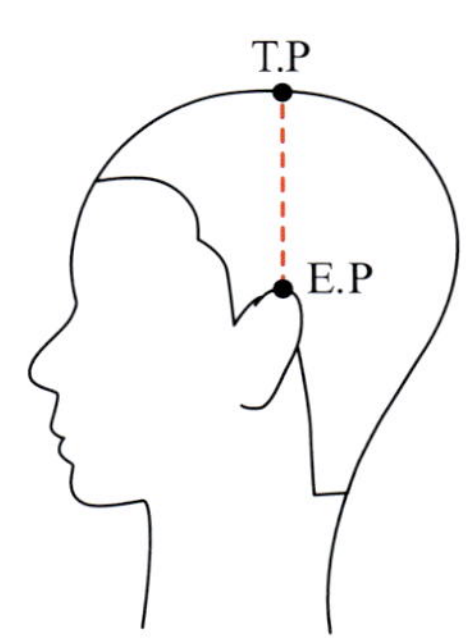
</td><td></td></tr>
<tr><td>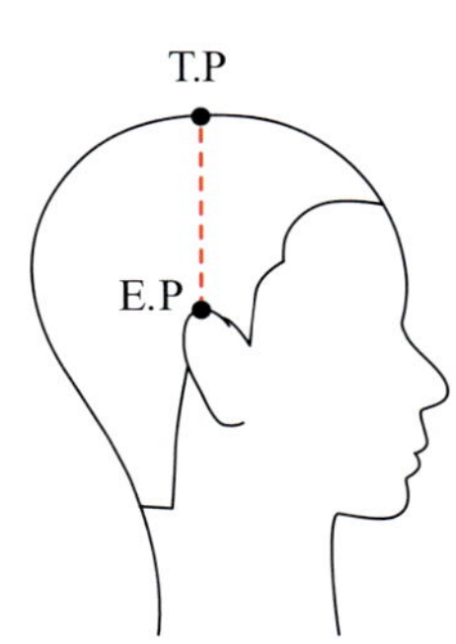
</td><td></td></tr>
</table>

<table>
<tr><td rowspan="2">사이드</td><td>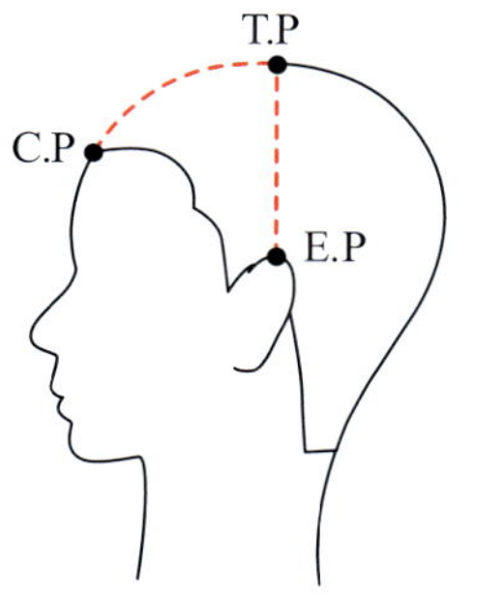
</td><td></td></tr>
<tr><td>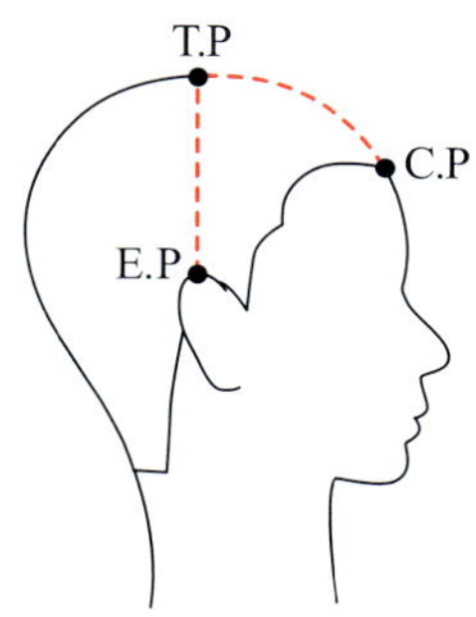
</td><td></td></tr>
<tr><td rowspan="2">리세션</td><td>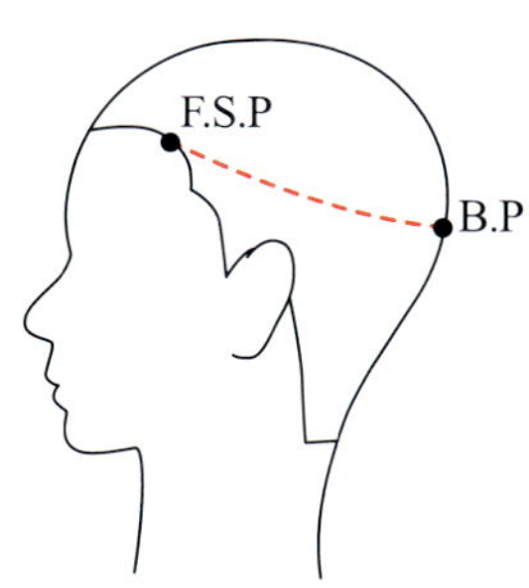
</td><td></td></tr>
<tr><td>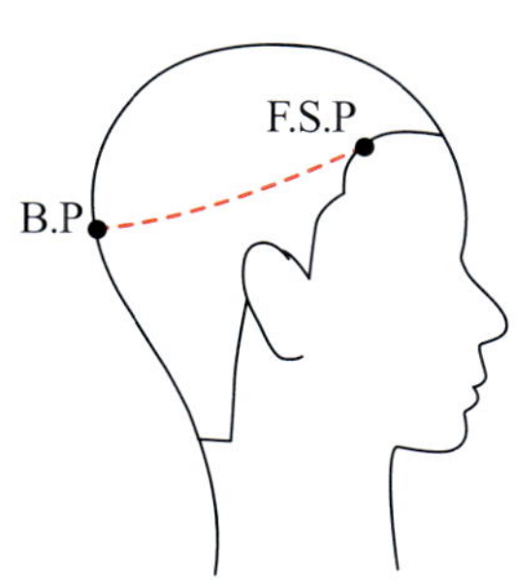
</td><td></td></tr>
</table>

<table>
<tr><td rowspan="2">프린지</td><td>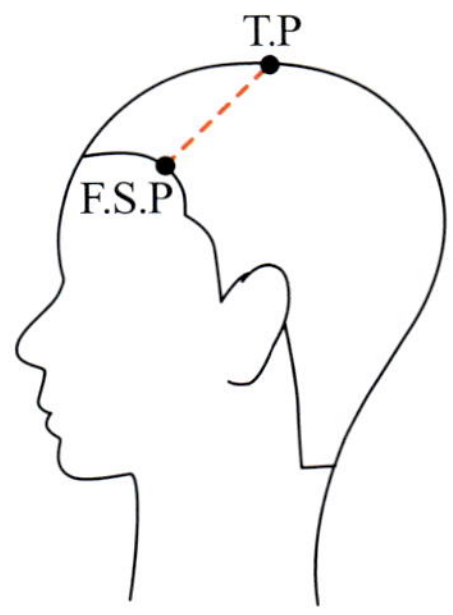
</td><td></td></tr>
<tr><td>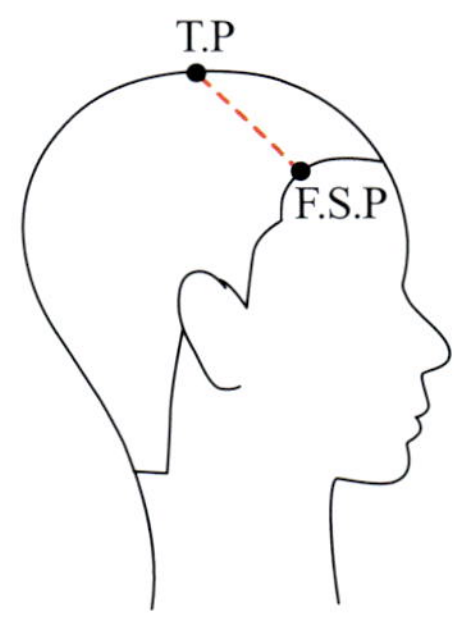
</td><td></td></tr>
<tr><td rowspan="2">라운드</td><td>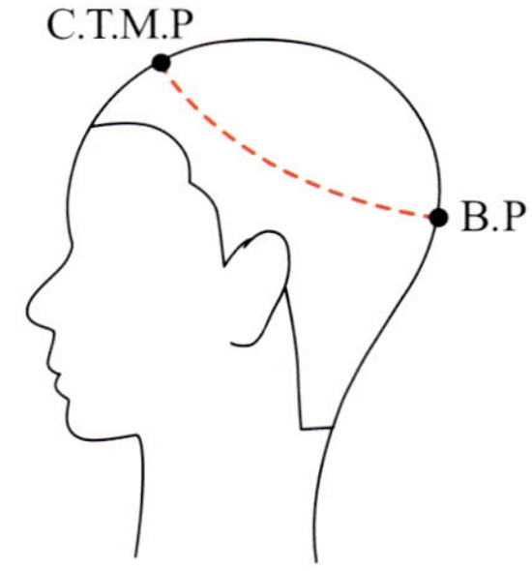
</td><td></td></tr>
<tr><td>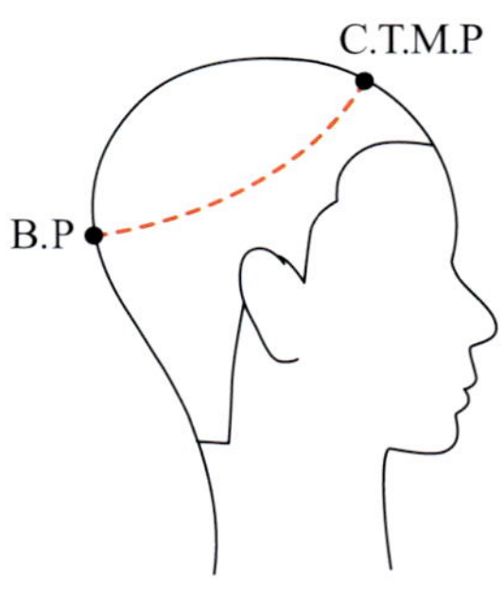
</td><td></td></tr>
</table>

<table>
<tr><td rowspan="2">U라인</td><td>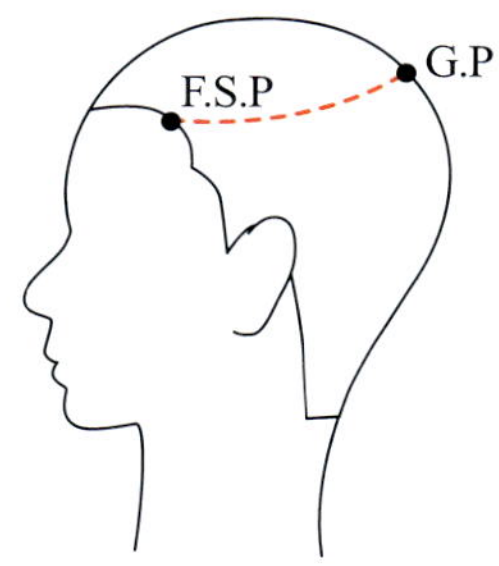
</td><td></td></tr>
<tr><td>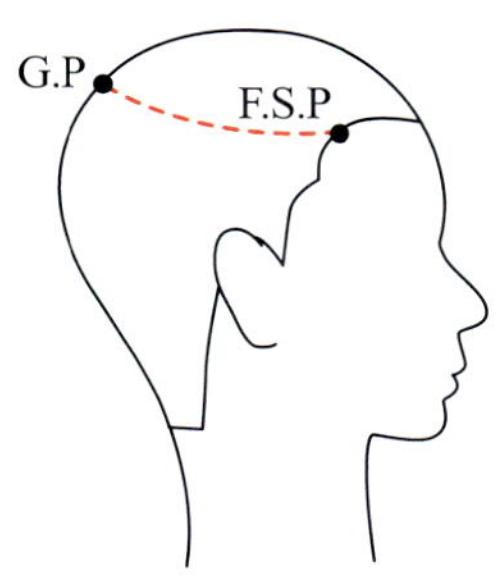
</td><td></td></tr>
</table>

2. 머리 위치(head position)

커트 시 머리 위치에 따라 다른 형태선이 나타나며 마무리 시에도 여러 질감을 표현할 수 있다.

1) 똑바로

가장 많이 사용하는 위치로 자연스러운 스타일을 만든다.

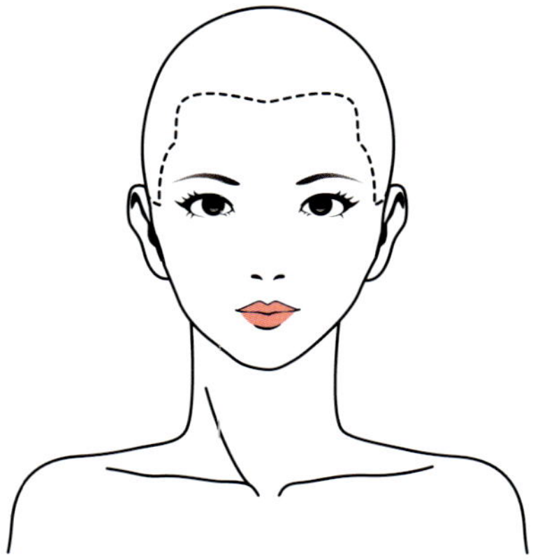

2) 앞으로

뒤 형태선의 마무리 시 주로 사용된다.

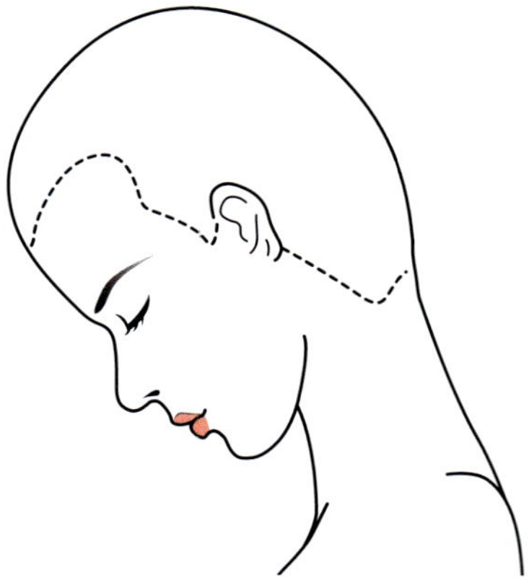

3) 옆으로

옆 형태선의 마무리 시 주로 사용한다.

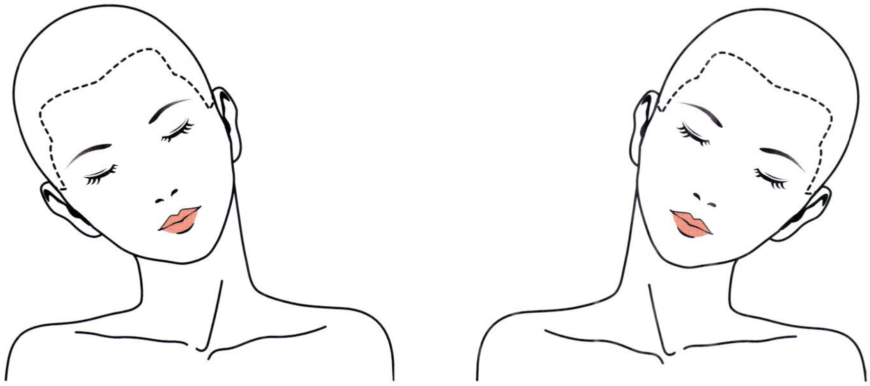

3. 파팅 (parting)

커트 시 섹션보다 더 정확한 구역을 나누고 모발량을 조절한다.

1) 호리존탈(수평, horizontal)

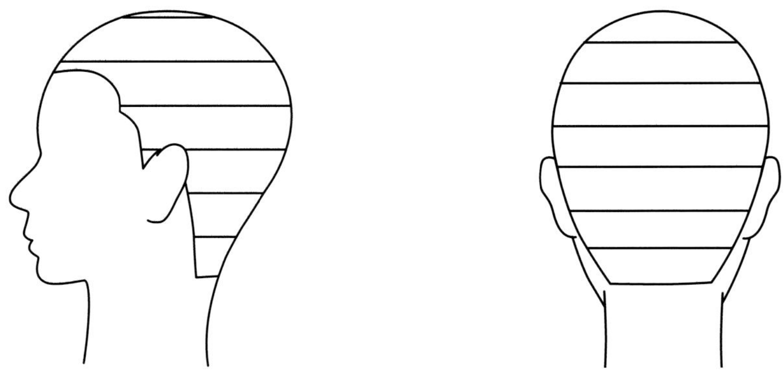

2) 버티컬(수직, vertical)

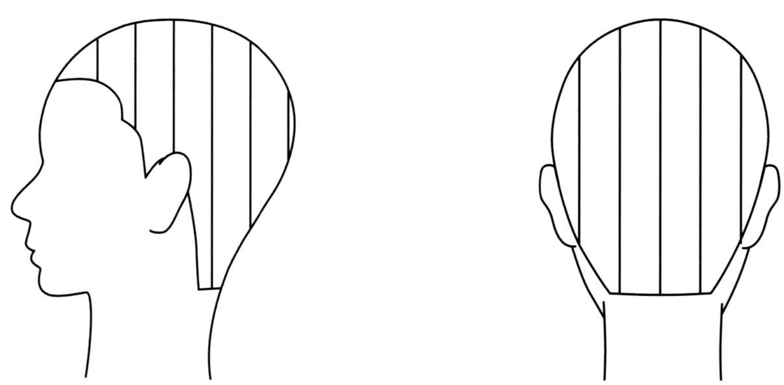

3) 다이아거널(전대각, diagonal forward)

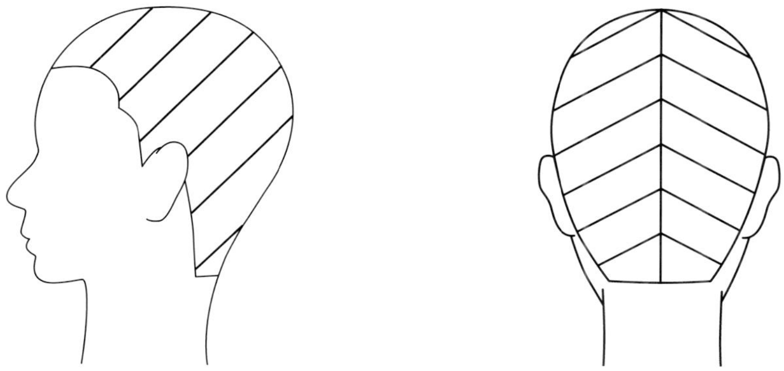

4) 다이아거널(후대각, diagonal back)

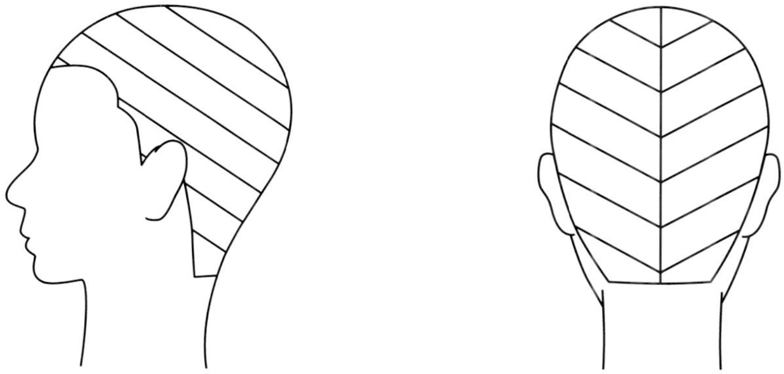

5) 피봇(방사선, pivot)

6) 컨벡스(convex)

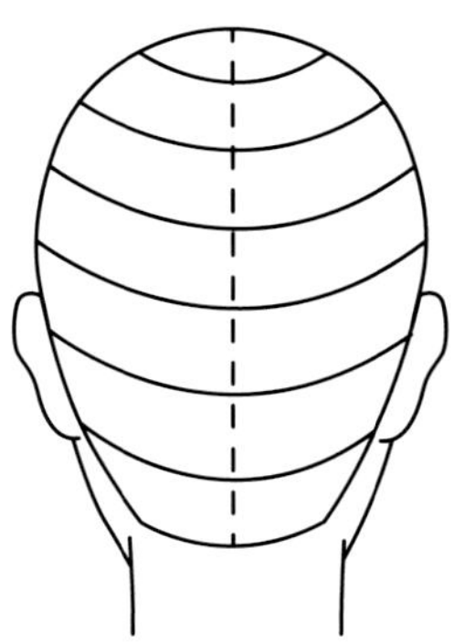

7) 컨케이브(concave)

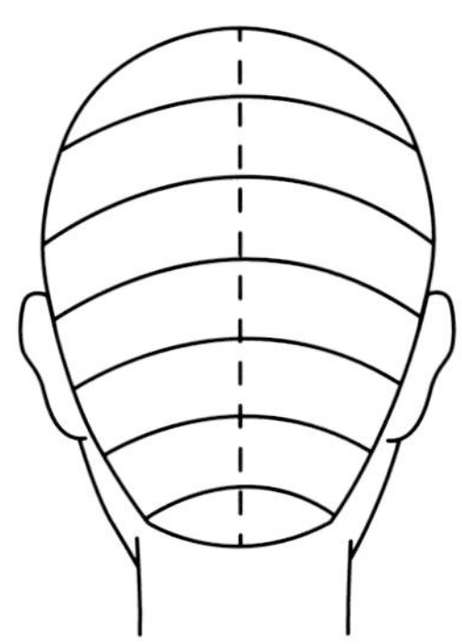

파팅 그리기		
호리존탈 (수평)	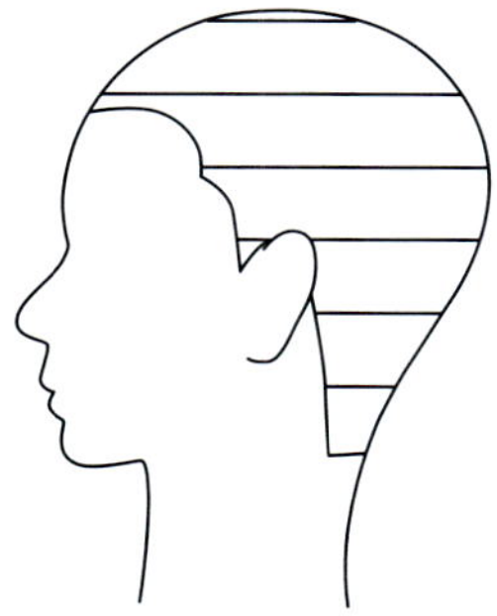	
	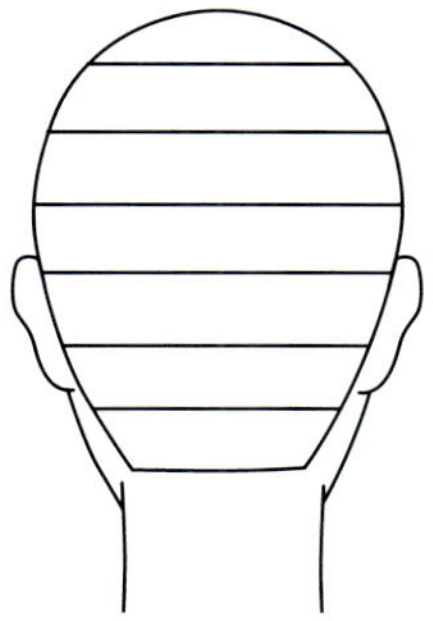	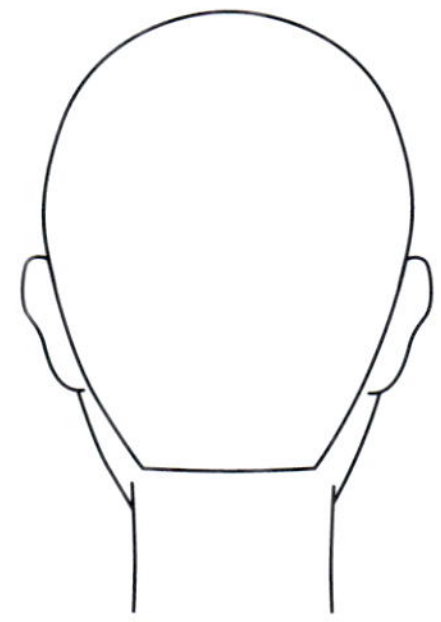
버티컬 (수직)	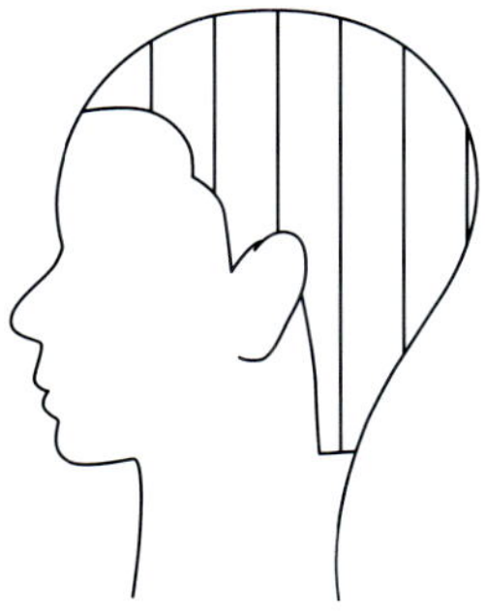	
	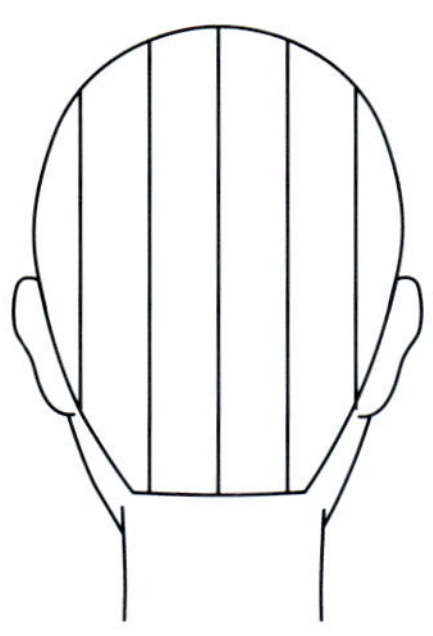	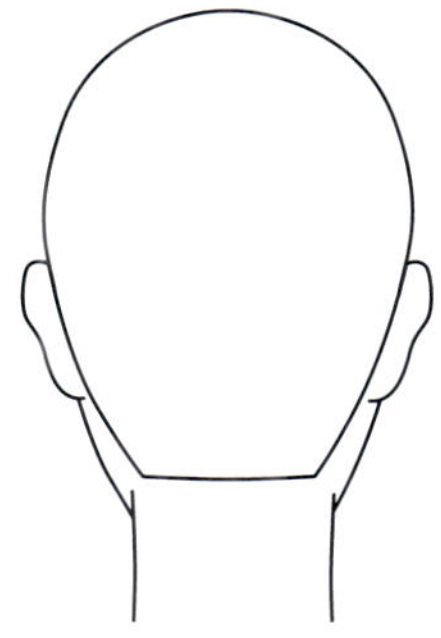

다이아 거널 (전대각)	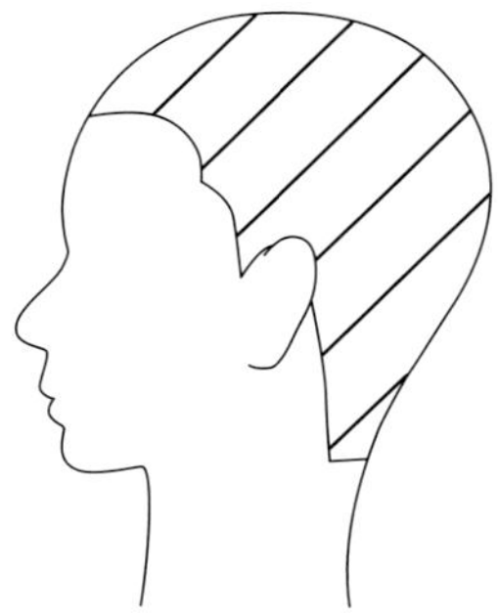	
	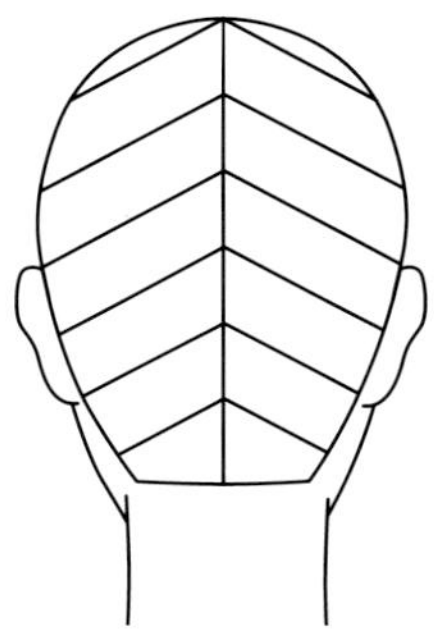	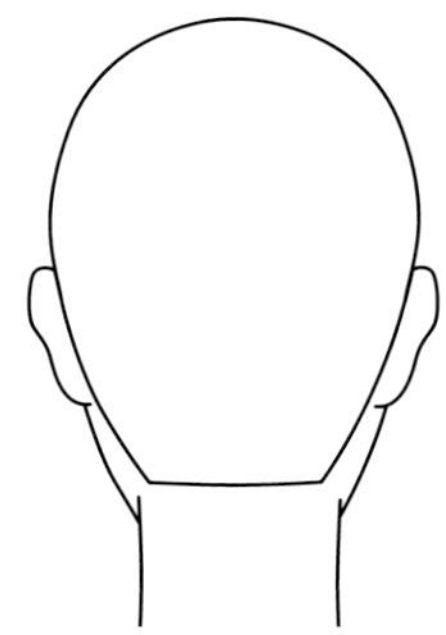
다이아 거널 (후대각)		
	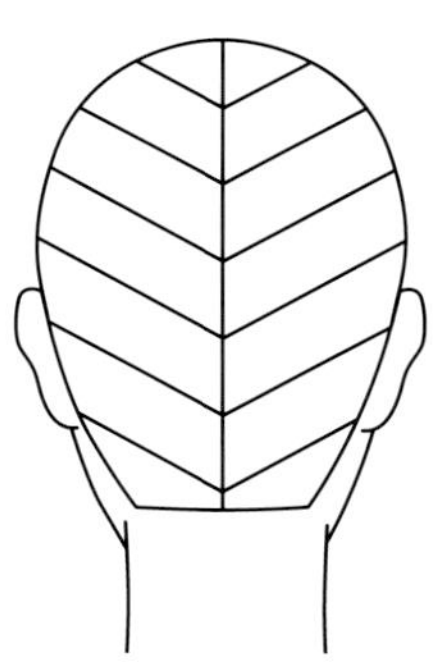	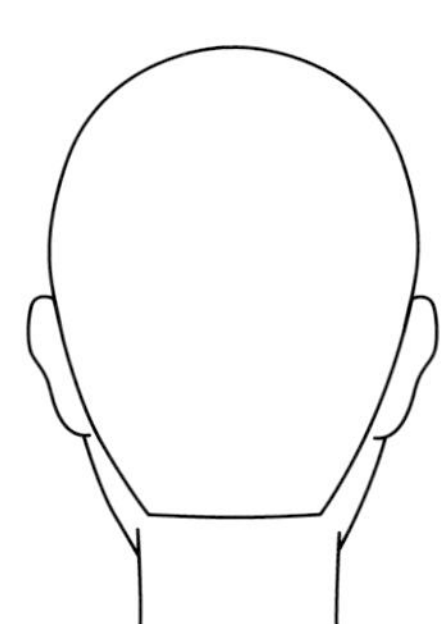

피봇 (방사선)		
	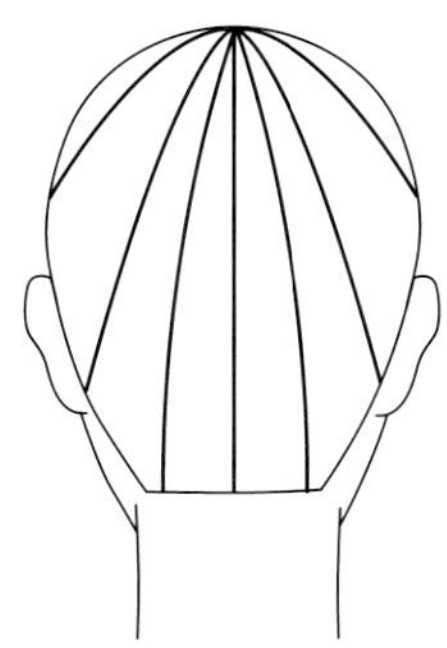	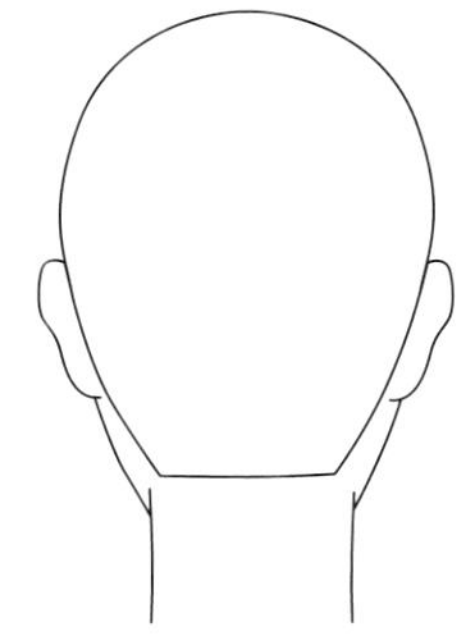
컨벡스	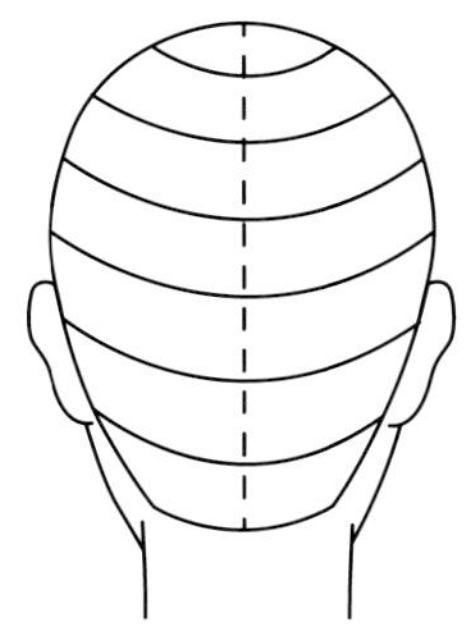	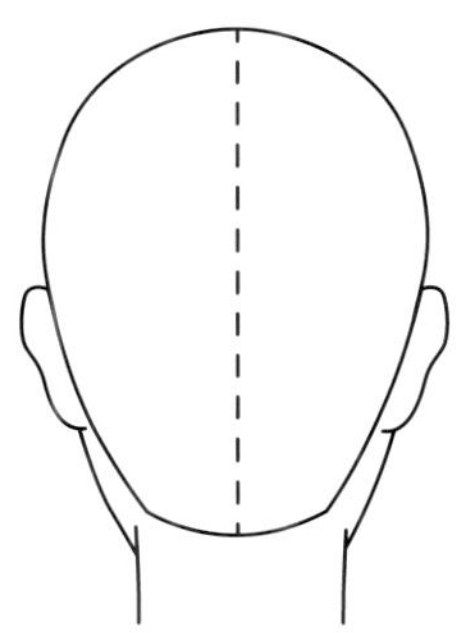
컨케이브	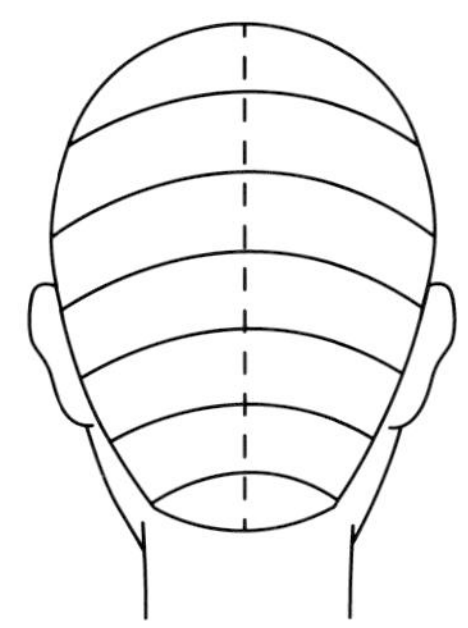	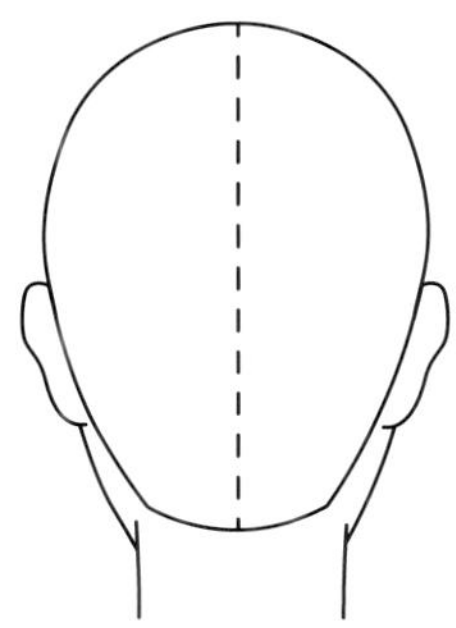

4. 베이스(base)

베이스는 파팅 내의 직접적인 커트를 할 수 있는 소량의 부분을 말한다. 베이스의 모발단을 컨트롤하여 커트하면 다양한 형태선을 표현할 수 있는데 이것을 베이스 컨트롤(base control)이라고 한다.

1) 온 더 베이스(on the base)

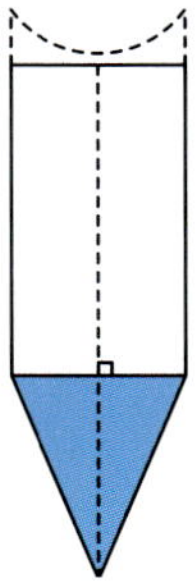

베이스의 중심으로 모발단을 모아 커트하는 방법이다.
좌우 길이가 같아지게 표현할 때 사용한다

2) 사이드 베이스(side base)

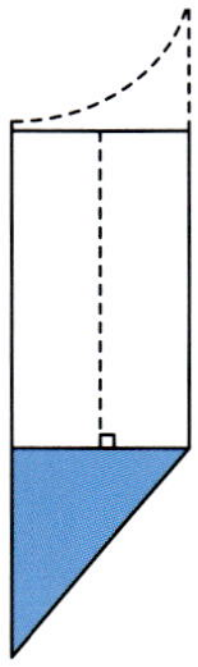

베이스의 한쪽 면으로 모발단을 모아 커트하는 방법이다.
좌우 길이가 한쪽이 짧아지거나 길어지게 표현할 때 사용한다.

3) 오프 더 베이스(off the base)

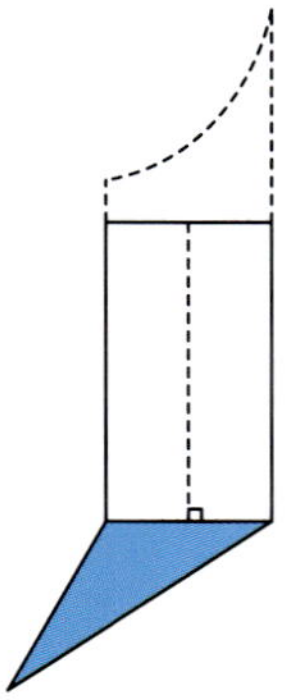

베이스 밖으로 모발단을 모아 커트하는 방법이다. 베이스 밖으로 당기는 정도에 따라 사선의 급격한 변화의 정도를 표현할 수 있다.
오버 다이렉션(over direction)이라고도 한다.

4) 프리 베이스(free base)

베이스의 2/3 지점으로 모발단을 모아 커트하는 방법이다.
길이가 한쪽이 점점 짧아지거나 점점 길어지게 표현할 때 사용한다.

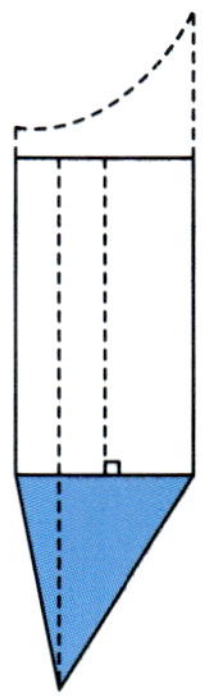

5) 트위스트 베이스(twist base)

베이스의 모발단을 비틀어 커트하는 방법이다.
길이와 형태선의 급격한 변화를 표현할 때 사용한다.

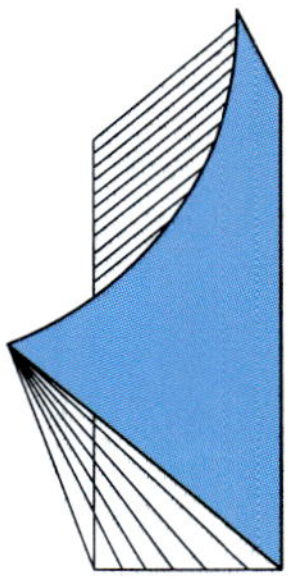

5. 빗질 방향(분배, distribution)

파팅 후 빗질의 다양한 방향을 말한다.

1) 자연(natural)

중력 방향으로 자연스럽게 떨어지며 각도는 0°이다.

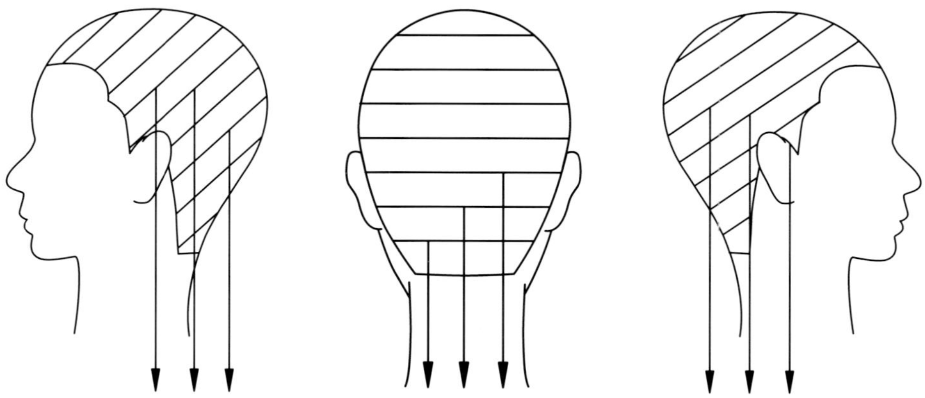

2) 직각(수직, perpendicular)

파팅선에서 직각 방향으로 90°이다.

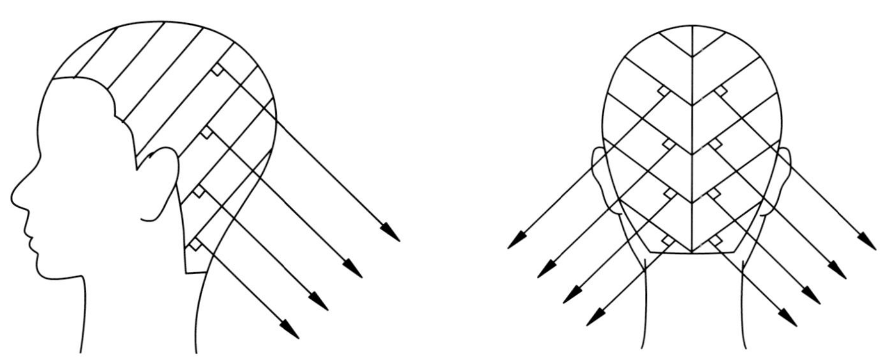

3) 변형(변이, shifted)

자연과 직각을 제외한 모든 방향을 말한다.

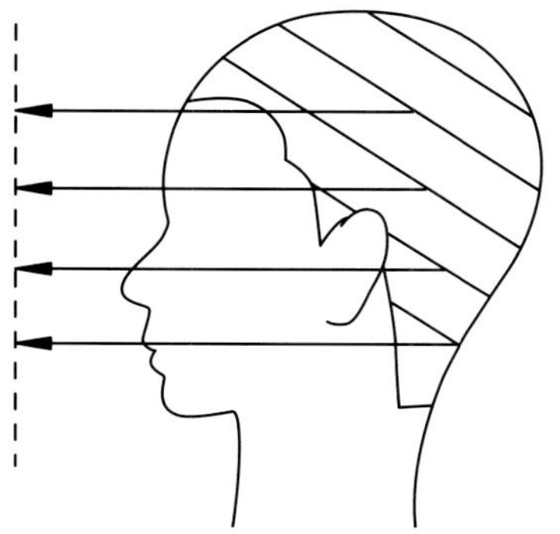

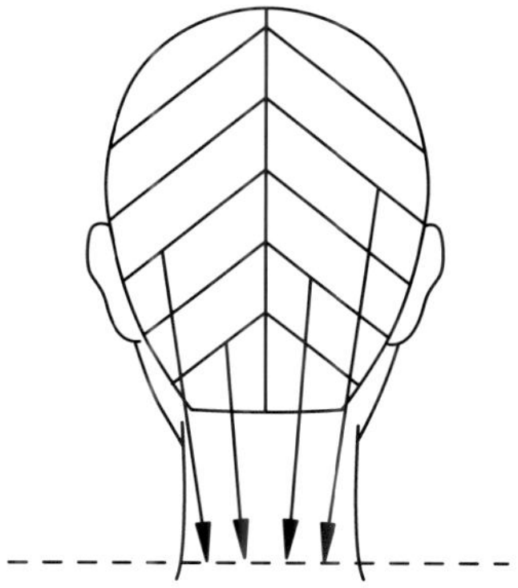

4) 방향(directional)

파팅과 상관없이 한 방향을 말한다.

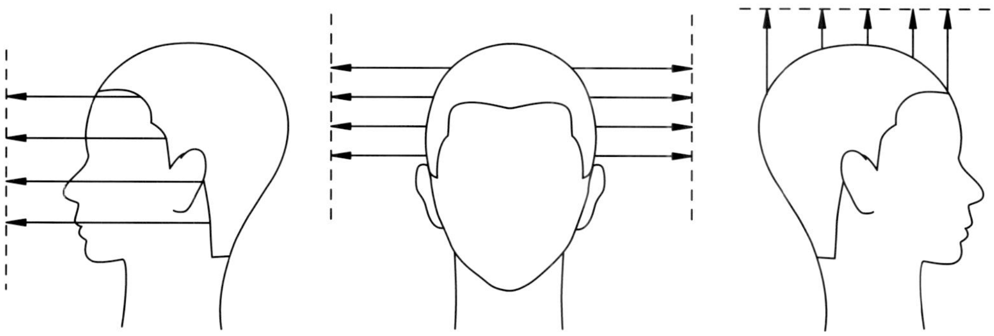

6. 각도(projection)

1) 자연 각도

중력에 의해 자연스럽게 떨어지는 각도를 말한다.

2) 일반 각도

두상 곡면으로부터의 각도를 말한다.

7. 손가락 위치(finger position)

파팅에 의한 손가락의 위치를 말하며 실질적인 가위의 커트 선이 된다.

1) 평행(parallel)

파팅, 손가락, 가위가 모두 평행인 상태를 말한다.

2) 비평행(non parallel)

파팅과 손가락이 비평행인 상태를 말한다.
길이 증가를 유도할 수 있다.

8. 가이드 라인(guide line)

커트 시 길이나 형태선의 가이드가 된다.

1) 고정(stationary)

커트 시 가이드 라인이 이동하지 않고 첫 위치에 모아서 커트한다.

2) 이동(mobile)

커트 시 가이드 라인이 이동하며 다음 파팅 커트 시 첫 파팅의 일부분을 가져와 커트한다.

3) 혼합(multi)

커트 시 이전 가이드 라인이 충분하지 않을 때 새로운 가이드 라인을 만들어 커트한다.

9. 길이

1) 쇼트(short)

목선과 턱선, 귀가 드러나는 길이의 스타일을 말한다.

2) 보브(bob)

귀를 덮고 턱선 길이의 스타일을 말한다.

3) 미디움(medium)

어깨에 닿을 정도 길이의 스타일을 말한다.

4) 세미롱(semi-long)

어깨를 넘어 견갑골까지 정도 길이의 스타일을 말한다.

5) 롱(long)

견갑골을 넘어 그 이상 길이의 스타일을 말한다.

10. 형태선

1) 평행(parallel)

헤어 스타일의 라인이 일자형태를 나타내는 것을 말한다.

2) 컨케이브(concave)

헤어 스타일이 A라인(스파니엘)으로 얼굴 쪽이 길어지는 형태를 말한다.

3) 컨벡스(convex)

헤어 스타일이 U라인(이사도라)으로 얼굴 쪽이 짧아지는 형태를 말한다.

BASIC
HAIR
CUT

4

제4강
커트의 4가지 기본형

학습목표

커트의 4가지 기본형을 알아본다.

원랭스, 그래쥬에이션, 세임 레이어, 하이 레이어를 이해한다.

1. 커트의 4가지 기본형

1) 원랭스(one length)

'솔리드'라고도 하며 자연각 0°로 단차(층)가 없어 무게감이 있는 형태이다. 파팅에 따라 평행, 머쉬룸, 스파니엘, 이사도라가 있다.

(1) 평행(parallel)

- 바닥과 평행을 이루는 형태이다.
- 단차(층)가 없다.

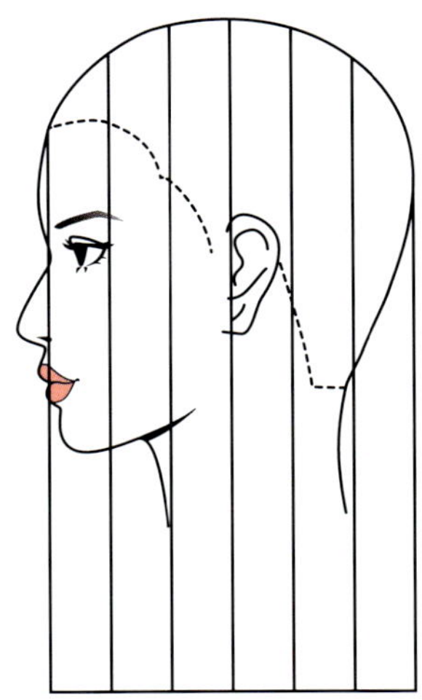

(2) 스파니엘(spaniel)

- 앞이 길어지는 형태이다.
- 단차(층)가 없다.

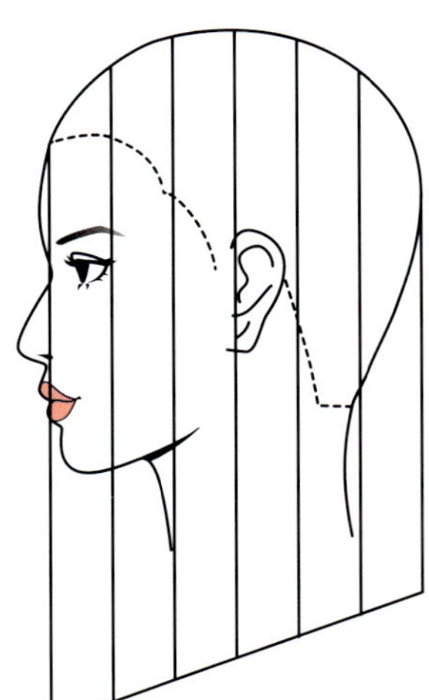

(3) 이사도라(isadora)

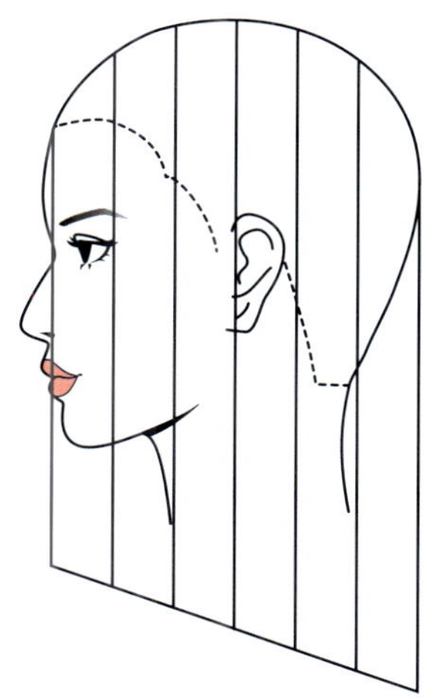

- 뒤가 길어지는 형태이다.
- 단차(층)가 없다.

(4) 머쉬룸(mushroom)

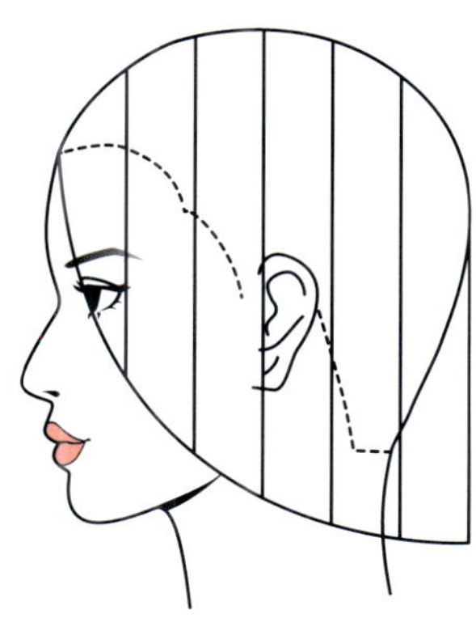

- 짧은 앞머리와 짧은 네이프 선이 연결되어 급격한 U라인 형태이다.
- 단차(층)가 없다.

❖ 디자인 완성(원랭스)

2) 그래쥬에이션(graduation)

네이프에서 탑으로 갈수록 길이가 길어지며 전체 모발에 단차(층)가 나타나 위에 무게감과 볼륨감이 생기는 형태이다.

(1) 로우 그래쥬에이션(low graduation)

- 낮은 시술각 1 ~ 30°
- 낮은 시술각도와 낮은 단차(층)의 경사선이 만들어진다.
- 무게감과 볼륨이 많이 생기는 스타일이다.

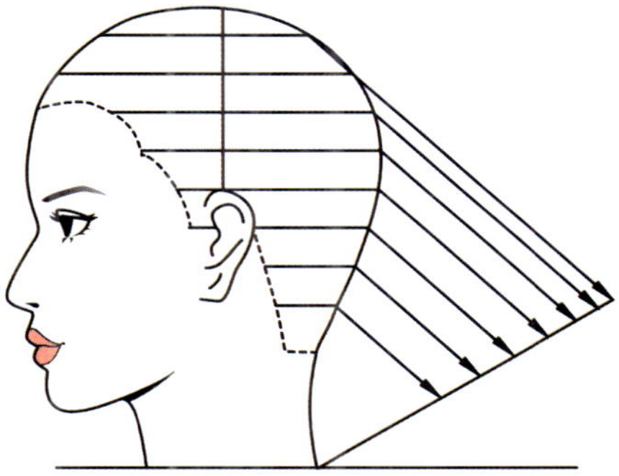

(2) 미디움 그래쥬에이션(medium graduation)

- 중간 시술각 31 ~ 60°
- 중간 시술각도와 중간 단차(층)의 경사선이 만들어진다.
- 무게감과 볼륨감이 적당하게 생긴다.

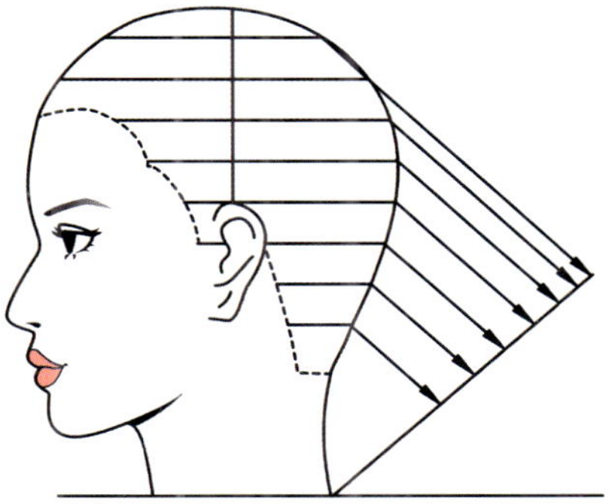

(3) 하이 그래쥬에이션(high graduation)

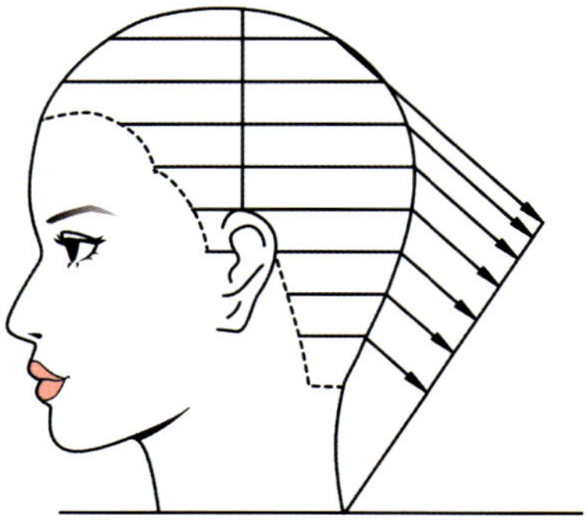

- 높은 시술각 61 ~ 89˚
- 높은 시술각도와 높은 단차(층)의 경사선이 만들어진다.
- 무게감과 볼륨감이 상대적으로 작지만 모발의 가벼운 움직임을 느낄 수 있다.

❖ 디자인 완성(그래쥬에이션)

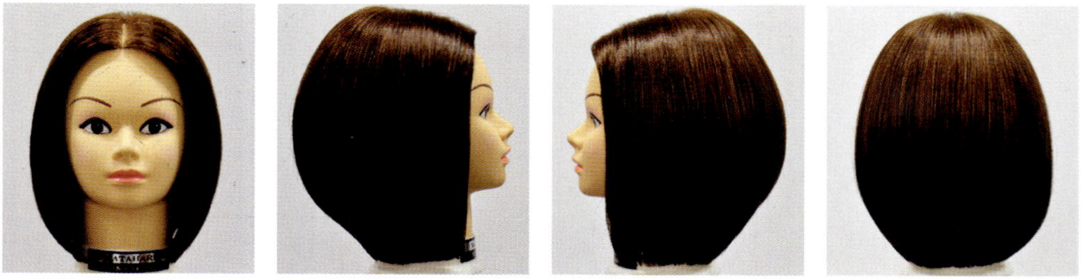

3) 세임 레이어(same layer)

'유니폼 레이어'라고도 하며 두상의 곡면에서 90°의 시술각으로 모두 같은 길이로 온 더 베이스 커트하므로 무게감이 생기지 않는다. 12cm 이하는 두상의 형태가 드러나며 그 이상은 드러나지 않는다.

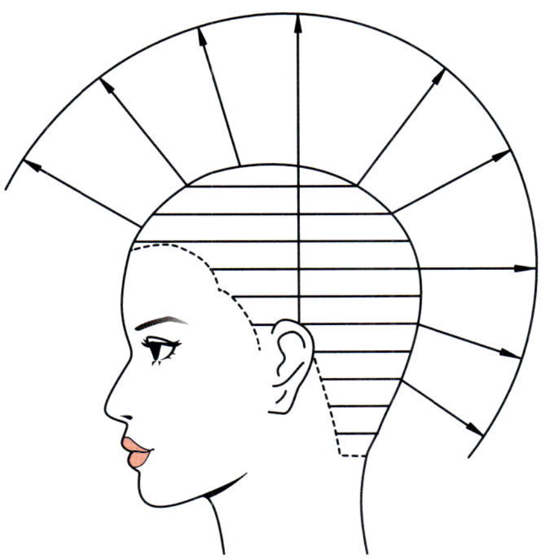

| 수평 라인

| 수직-피봇 라인

❖ 디자인 완성(세임 레이어)

4) 하이 레이어(high layer)

'인크리스 레이어'라고도 하며 90° 이상의 각도로 커트하며 위로 갈수록 짧고 아래로 갈수록 모발이 길어지며 단차(층)가 많이 겹쳐져서 나타나는 형태이다. 가벼운 느낌이 나며 시술 각도에 따라 단차(층)의 형태와 무게감이 달라진다.

(1) 수직-피봇 라인

얼굴 앞 정중선 방향으로 커트하면 뒤쪽으로 흐르는 후대각 라인의 단차(층)가 생긴다.

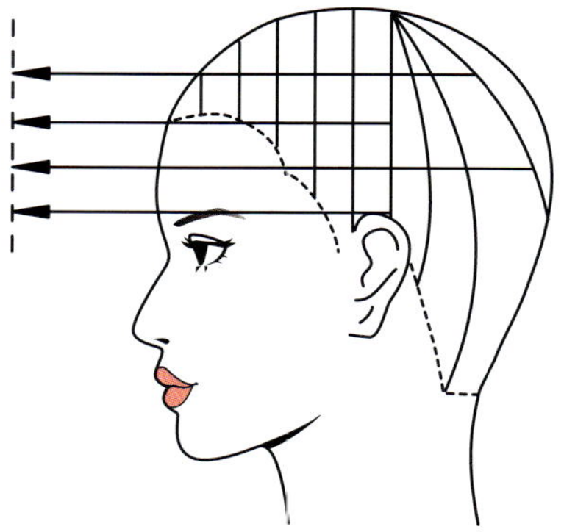

(2) 수평 라인

탑 위 정중선 방향으로 커트하면 수평의 단차(층)가 생긴다.

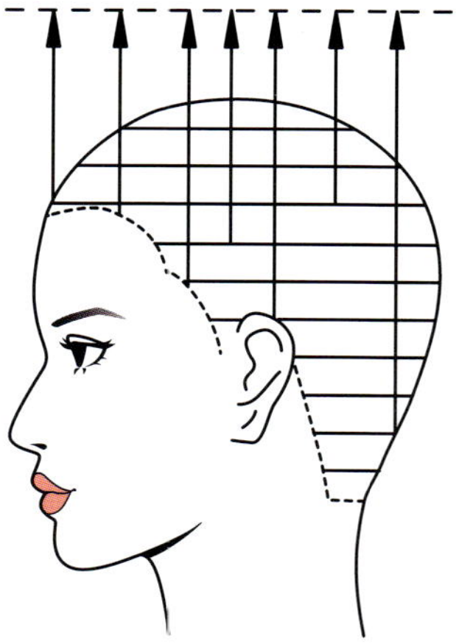

(3) 전대각 라인

센터 위 정중선 방향으로 전대각 파팅 커트하면 후대각 라인의 단차(층)가 생긴다.

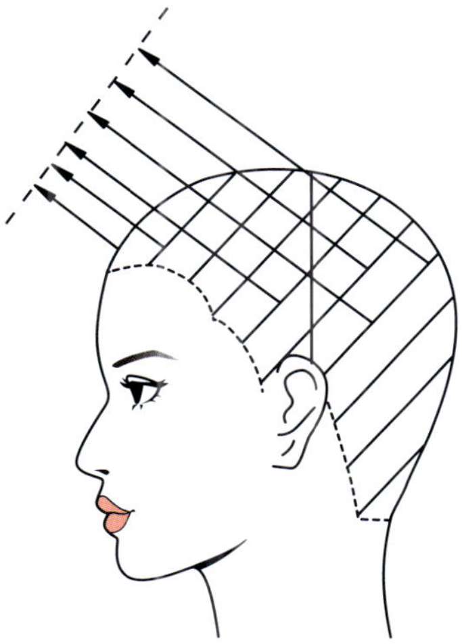

(4) 후대각 라인

골덴 위 정중선 방향으로 후대각 파팅 커트하면 앞쪽으로 흐르는 전대각 라인의 단차(층)가 생긴다.

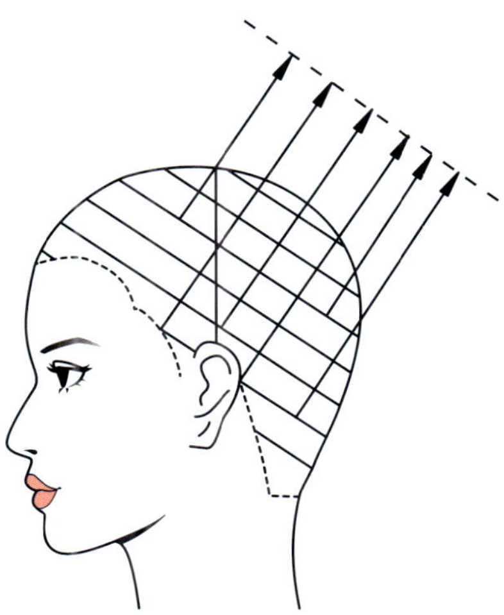

❖ 디자인 완성(하이 레이어)

5

제5강
커트의 시술도구와 자세 및 테크닉

학습목표

커트 시 사용되는 도구들을 알아본다.

가위의 자세와 각종 기법들을 숙련한다.

1. 커트 도구

1) 가위(scissors)

● 블런트 가위(blunt scissors)

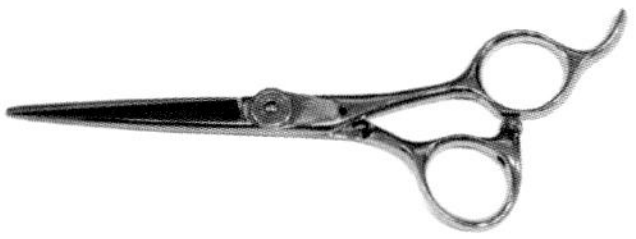

가장 일반적으로 사용되는 가위로 모발의 길이를 자르거나 질감을 표현할 때 등 다양하게 사용한다. 크기별로 4~6인치가 있다. 길이가 짧을수록 섬세한 커트가 가능하다.

● 장 가위(long scissors)

가위날이 6.5인치 이상되는 긴 가위를 말하며 주로 남성 커트 시에 사용한다.

● 스트록 가위(stroke scissors)

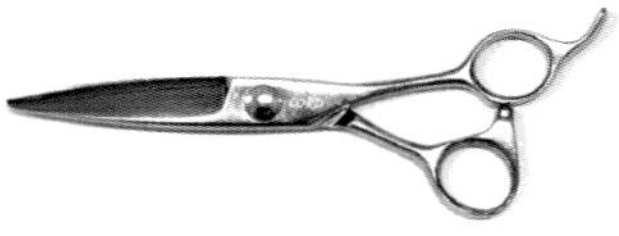

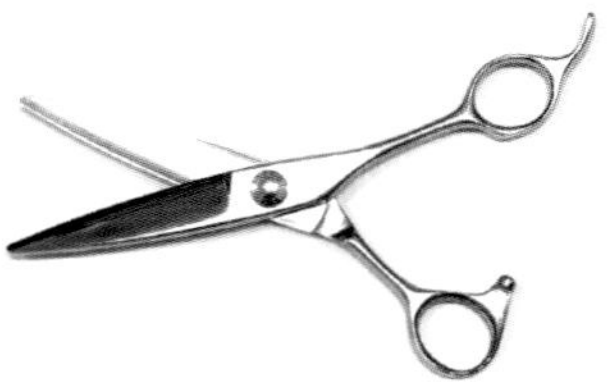

스트록 커트 시 사용되며 가위의 양날이 곡선으로 볼록하게 되어있어 커트 시 모발이 밀리지 않는다. 전체적인 스타일에 가벼움과 볼륨을 주고 방향성을 줄 수도 있다.

● 슬라이싱 가위(slicing scissors)

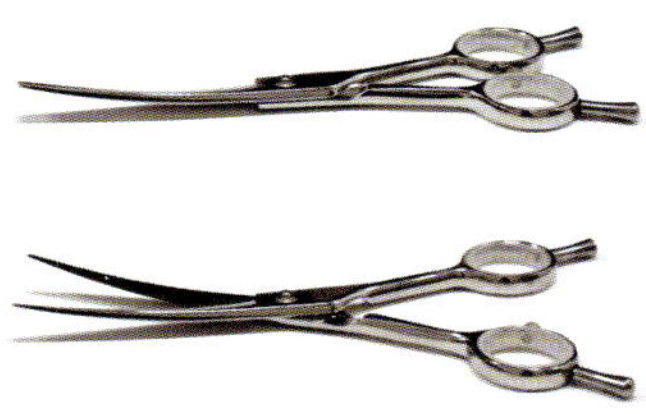

가위의 형태가 수평이 아닌 곡선으로 되어있다. 모발의 방향성을 주거나 질감을 표현할 때 사용한다.

● 틴닝 가위(thinning scissors)

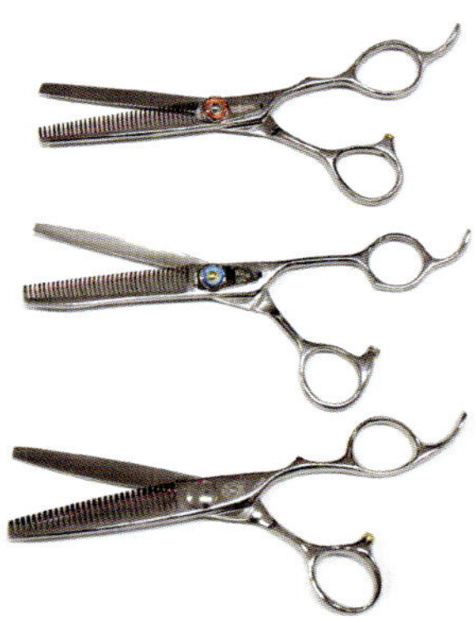

모발의 길이는 변화시키지 않으면서 숱을 감소시켜 모발의 양을 조절할 때 사용한다.

2) 레져(razor)

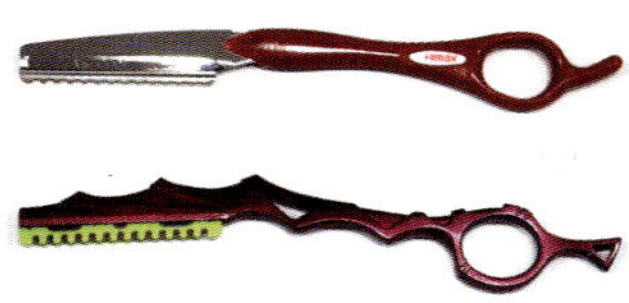

레져는 커트와 질감처리를 동시에 할 수 있다. 젖은 모발에 시술해야 고른 커트가 되고 손상을 주지 않는다.

3) 클리퍼

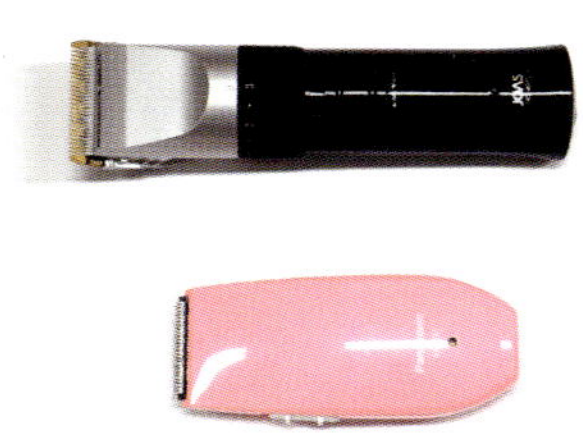

짧은 머리에 그라데이션을 주기 위해 사용한다.

4) 빗(comb)

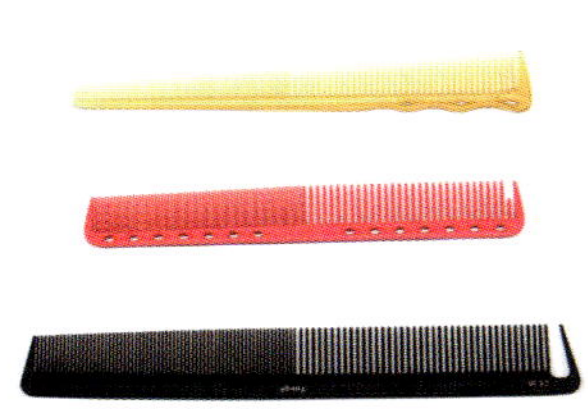

커트 빗은 얼레살과 고운살로 구분된다.
얼레살은 섹셔닝이나 파팅 시, 롱 헤어 커트시, 텐션이 필요 없을 시에 사용되고 고운살은 정교하고 가지런한 커트 시, 텐션이 필요할 때 사용된다.

5) 기타

● 클립

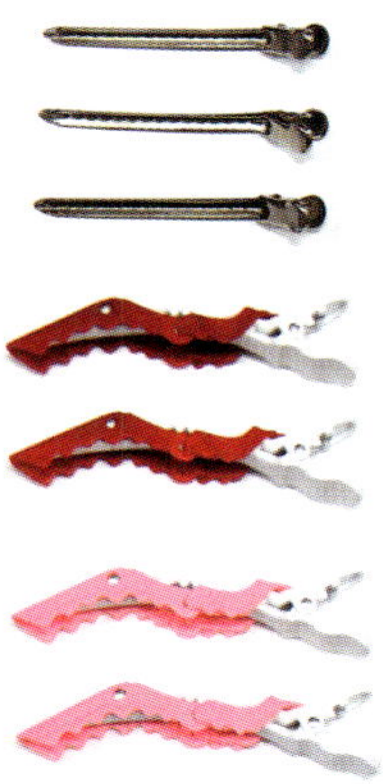

모발의 구역을 나누고 고정하는데 사용한다.

● 분무기

모발에 수분을 줄 때 사용한다.

● 커트보

커트 시 고객의 옷이 오염되지 않기 위해 사용한다.

- **얼굴 가리개**

앞머리 커트 시 모발이 얼굴에 닿지 않기 위해 사용한다.

- **스폰지**

잘린 모발을 털어내기 위해 사용한다.

2. 커트 도구의 명칭

1) 가위의 명칭

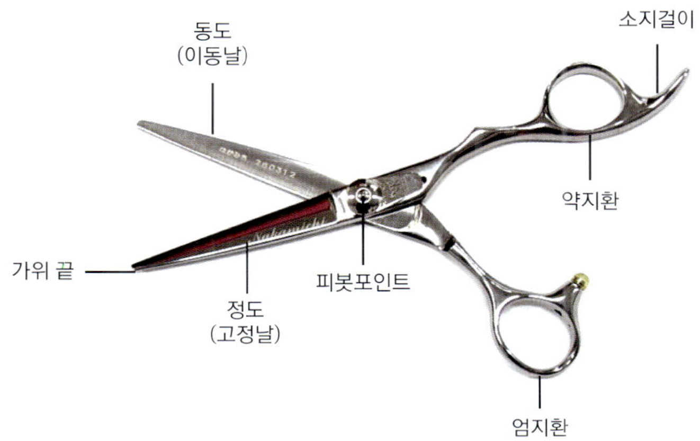

2) 빗의 명칭

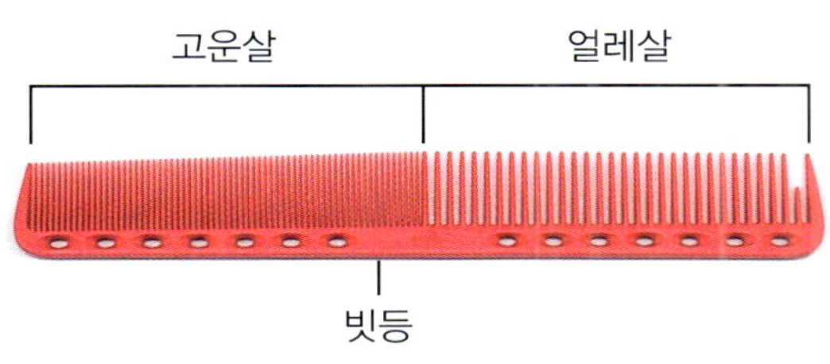

3. 가위 잡는 법

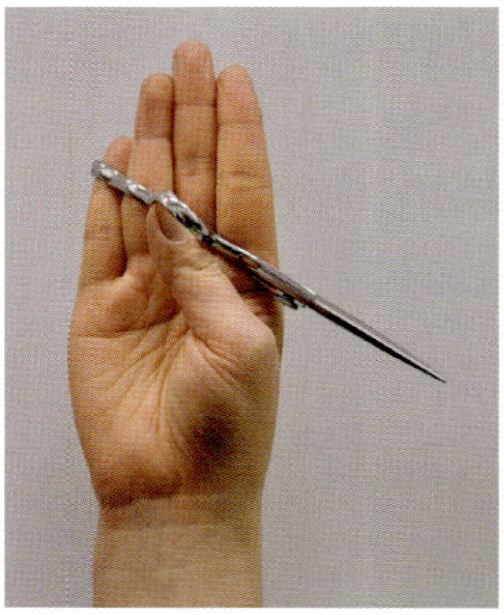

가위의 날이 오른쪽 사선 아래로 향하게 잡는다.

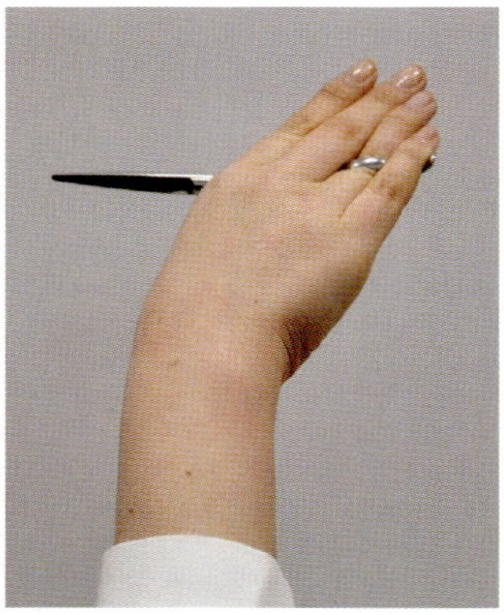

손을 뒤집어 가위가 일자가 되도록 손을 사선으로 향한다.

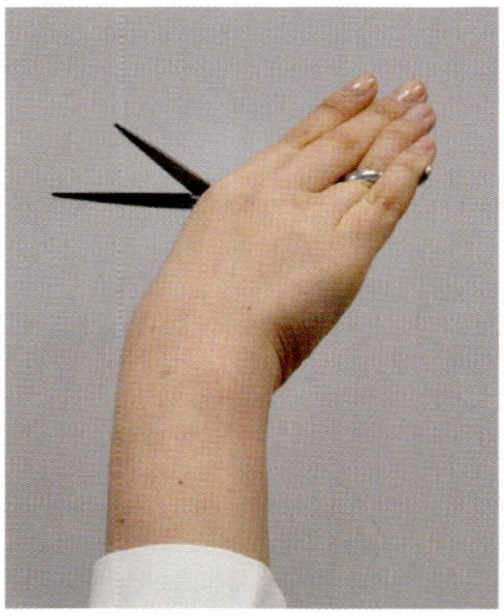

엄지만을 움직여 개폐한다.

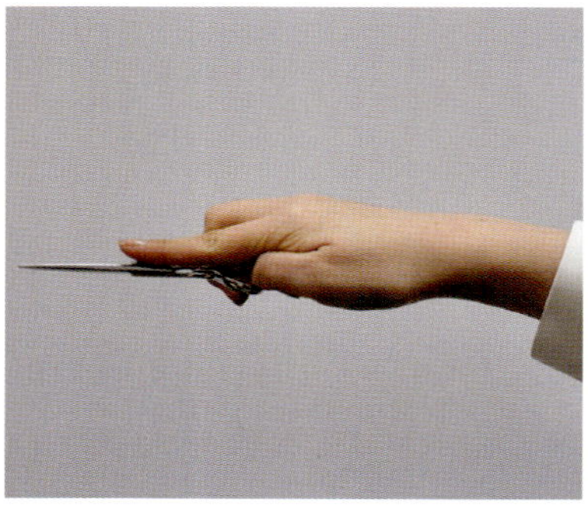

가위를 일자로 하며 검지를 가위축 위에 놓고 가위와 평행하게 잡는다.

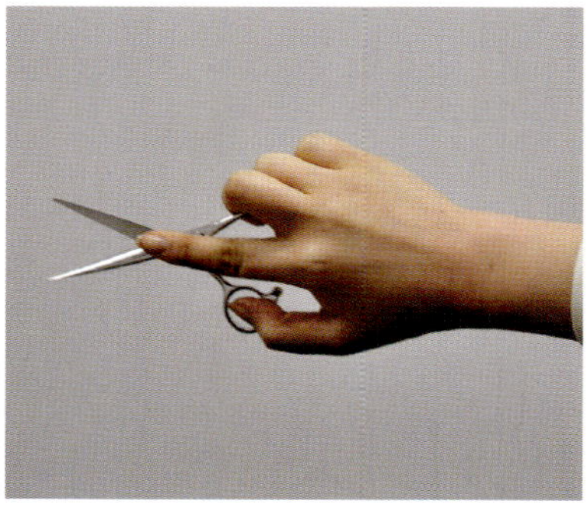

피봇 위치에 검지를 고정하고 엄지만을 움직여 개폐한다.

4. 커트 기법

1) 블런트 커트(blunt cut)

모발을 직선으로 자르는 커트 기법으로 무게감이 있는 커트 선을 만든다.

2) 나칭(notching)

모발을 45°로 커트하여 블런트 커트보다 무게감이 적은 커트 선을 만든다.

3) 포인트 커트(point cut)

모발 끝을 쳐내는 커트 기법으로 나칭보다 불규칙하여 자연스러운 움직임의 커트 선을 만든다.

4) 콤 컨트롤(comb control)

커트 시 손으로 모발을 잡지 않고 빗을 따라 커트하는 기법으로 최소한의 텐션이 들어간다.

5) 블록 커트(block cut)

많은 양의 모발을 한번에 잡아 커트하는 기법으로 모량이 적은 상태나 빠른시간에 커트를 끝내야 하는 상황에 사용한다.

6) 싱글링(shingling)

모발이 짧아 손으로 잡기 힘든 길이를 커트하는데 사용하고 주로 남자머리에 사용한다.

7) 트리밍(trimming)

튀어나온 모발을 정리하는 기법으로 빗을 사용하지 않고 엄지에 가위의 고정날을 세워 사용한다.

8) 프리 핸즈(free hands)

모발에 빗과 손을 대지 않고 디자인 라인을 커트하는 기법이다.

9) 레져 에칭(etching)

모발 위쪽에 레져를 두고 레져로 모발을 쳐내듯이 밑으로 밀어 커트하는 기법이다.
바깥쪽에 미세한 층이 생겨 바깥말음의 효과를 준다.

10) 레져 아킹(arching)

모발 안쪽에 레져를 두고 모발을 들어 올리면서 레져를 앞으로 당겨 커트하는 기법이다.
안쪽에 미세한 층이 생겨 안말음의 효과를 준다.

11) 레져 필링(pilling)

크라운과 탑의 모발 끝에 레져를 감자 깎듯이 뜯어내며 커트하는 기법이다.

5. 질감 기법

1) 스트록(stroke)

'치다'라는 뜻으로 가위로 모발을 쳐내는 느낌으로 커트하는 기법이다.
형태와 질감, 볼륨감을 동시에 만들면서 스트록 가위를 사용해 커트하며 샤기 스타일을 표현할 때 주로 사용한다.

2) 슬라이싱(slicing)

가위를 미끄러지듯이 모발 표면에 따라 질감을 조절하는 기법으로 자연스러움을 준다.

3) 슬라이드(slide)

모발 끝을 향해 짧은 모발과 긴 모발을 자연스럽게 연결하는 기법이다.

4) 베벨 업(bevel up)

레저를 사용해 모발 바깥쪽에 층을 주어 바깥 말음의 효과를 주는 기법이다. 손에 힘이 많이 들어가지 않도록 한다.

5) 베벨 언더(bevel under)

레저를 사용해 모발 안쪽에 층을 주어 안말음의 효과를 주는 기법이다. 손에 힘이 많이 들어가지 않도록 한다.

6) 레저 회전(rotation)

모발 끝선의 무게감을 감소시켜 네이프 목선에 모발을 밀착시키거나 앞머리의 흐름을 주고 디자인 라인의 연결을 위한 기법으로 빗과 레저를 회전하며 커트한다.

7) 테이퍼링(tapering)

두발 끝을 점차 가늘게 하는 기법으로 페더링(feathering)이라고도 한다.

① 엔드 테이퍼링(end tapering)
모발의 1/4 지점에서 숱을 감소시키는 기법으로 자연스러운 흐름을 표현한다.

② 노멀 테이퍼링(normal tapering)
모발의 1/2 지점에서 숱을 감소시키는 기법으로 가벼운 흐름을 표현한다.

③ 딥 테이퍼링(deep tapering)
모발의 3/4 지점에서 숱을 감소시키는 기법으로 많은 양의 숱을 감소시켜 가장 가벼운 흐름을 표현한다.

제6강
기본 헤어 커트 실습 1 (원랭스 수평)

6

학습목표

원랭스를 이해한다.

원랭스 수평을 숙련한다.

원랭스 수평

디자인 라인이 수평의 형태이며 자연각으로 커트하여 단차(층)가 없고 무게감이 있다. 롱, 단발 등 길이에 구애받지 않고 연출할 수 있는 스타일이다. 차분하고 우아한 분위기를 연출할 수 있다.

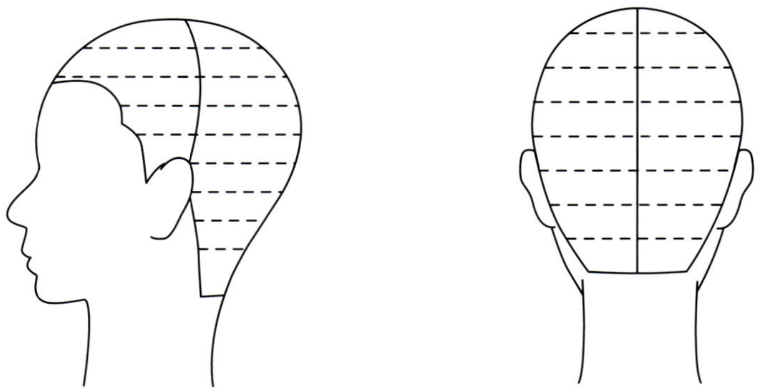

파 팅

· 커트 순서

섹션	센터, 이어 투 이어
머리위치	똑바로
파팅	수평
빗질 방향(분배)	자연
각도(시술각)	자연 각도
손가락 위치	파팅과 평행
가이드 라인	고정

KEY POINT
• 수평 파팅을 한다. • 양쪽 길이가 대칭이 되도록 한다. • 커트 시 각도가 들려 층이 생기지 않도록 주의한다. • 머리 위치에 주의한다.

● 4등분 섹션

모발 전체에 물을 충분히 도포한 후 곱게 빗어 C.P에서 오른쪽과 왼쪽을 가른다.

T.P에서 이어 투 이어 파팅하고 T.P에서 N.P까지 가른 후 4등분으로 섹션한다.

섹션 앞

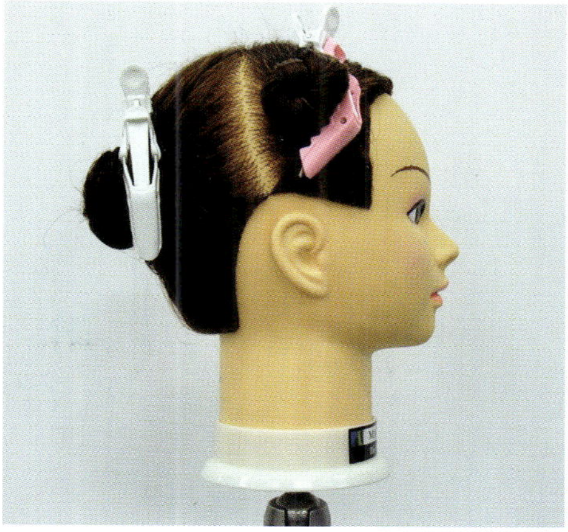

섹션 우

섹션 좌

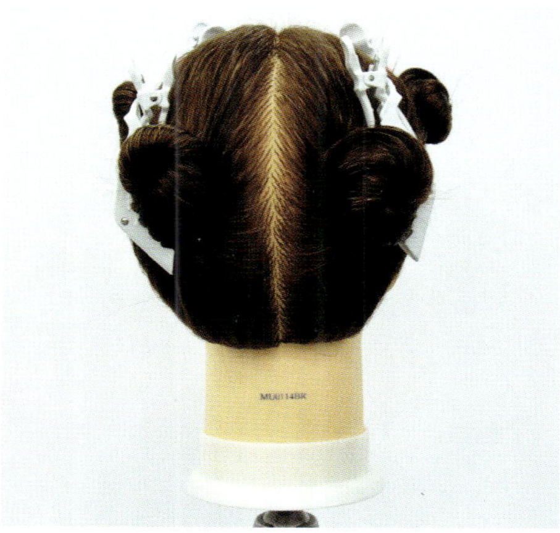

섹션 뒤

완성 앞

완성 우

완성 좌

완성 뒤

1 이어 투 이어로 섹셔닝 후 머리위치를 똑바로 한다.

2 수평 파팅 후 중앙에서 가이드라인을 설정한다.

3 가이드라인을 기준으로 손가락 위치를 평행하게 하여 커트한다.

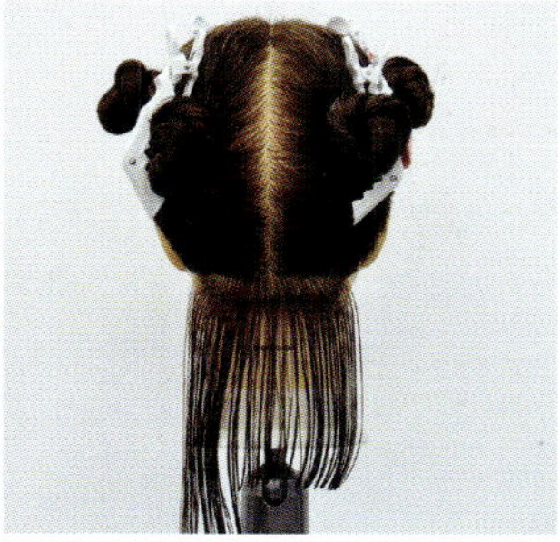

4 가이드라인 오른쪽 완성 모습

5 반대편도 자연 시술각을 유지하며 동일하게 진행한다.

6 양쪽 밸런스를 체크한다.

7 백 포인트까지 자연 시술각을 유지하며 진행한다.

8 수평 파팅에 주의하며 진행한다.

9 손가락 위치를 평행하게 하여 커트한다.

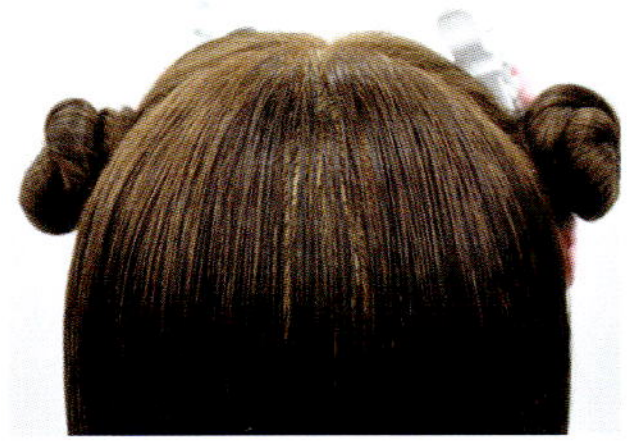

10 두상의 곡면을 따라 방사형으로 빗질한다.

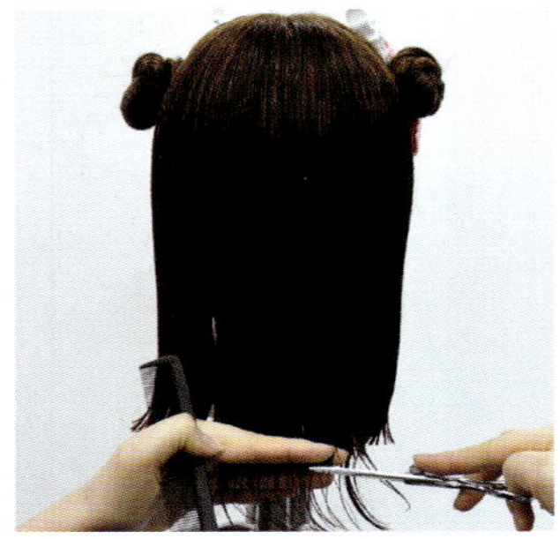

11 탑 부분까지 진행한다.

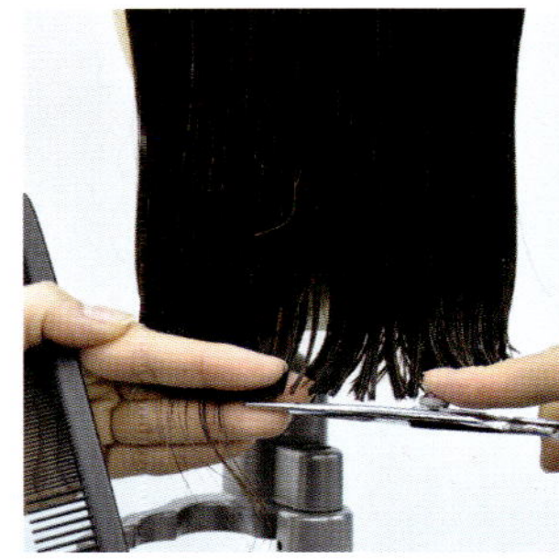

12 수평라인을 유지하며 커트한다.

13 오른쪽 사이드도 수평 파팅한다.

14 자연 시술각을 유지하며 평행하게 커트한다.

15 파팅선을 연결하여 가이드라인을 확인한다.

16 자연 시술각을 유지하며 수평 커트한다.

17 오른쪽 사이드의 가이드라인을 확인한다.

18 헤어라인 부분에 텐션을 주지 않도록 주의하여 커트한다.

19 빗질에 주의하며 커트한다.

20 왼쪽 사이드도 파팅선을 연결한다.

21 자연시술각을 유지하며 수평커트한다.

22 왼쪽 사이드의 가이드 라인을 확인한다.

23 양쪽 밸런스를 체크한다.

24 헤어라인 부분에 텐션을 주지 않도록 주의하여 커트한다.

25 빗질에 주의하며 커트한다.

26 시술 후 좌

27 시술 후 뒤

28 시술 후 우

29 시술 후 앞

디자인 실습

주 제					
반		학 번		성 명	
디자인 이미지					

<table>
<tr><td rowspan="4">섹션</td><td></td><td></td></tr>
<tr><td>앞</td><td>우</td></tr>
<tr><td></td><td></td></tr>
<tr><td>좌</td><td>뒤</td></tr>
<tr><td>파팅</td><td>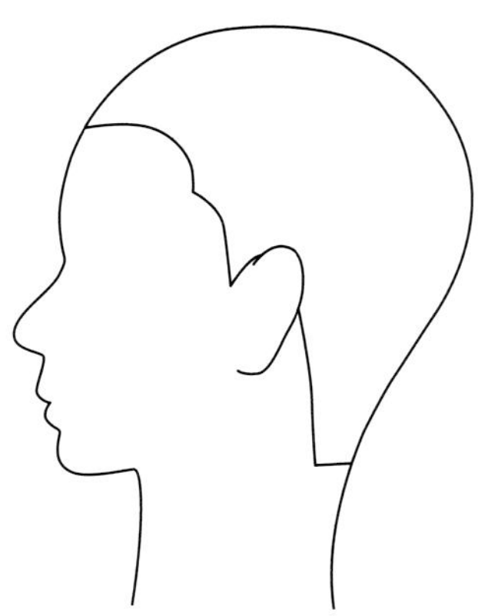</td><td>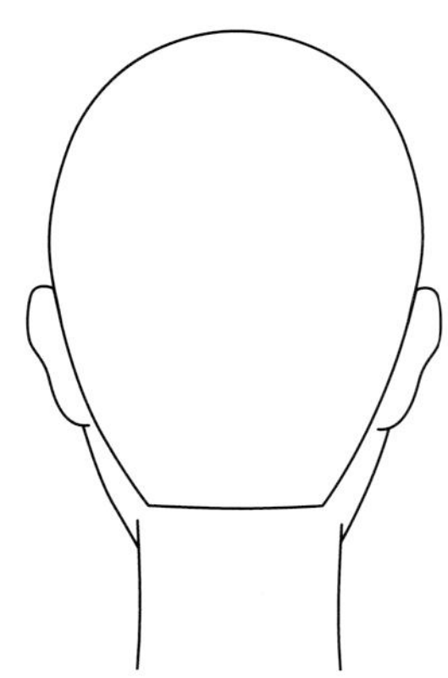</td></tr>
</table>

<table>
<tr><td rowspan="4">완성</td><td></td><td></td></tr>
<tr><td>앞</td><td>우</td></tr>
<tr><td></td><td></td></tr>
<tr><td>좌</td><td>뒤</td></tr>
<tr><td>설명</td><td colspan="2"></td></tr>
</table>

BASIC HAIR CUT

7

제7강 중간고사

학습목표

예상문제를 풀어보고 중간고사에 대비한다.

예상문제

1 좌우 대칭 커트를 위한 섹션은 무엇인가?

① 센터 ② 이어 투 이어 ③ 사이드 ④ 리세션

2 두상의 앞뒤를 나눈 섹션은 무엇인가?

① 센터 ② 이어 투 이어 ③ 사이드 ④ 리세션

3 양쪽 프론트 사이드 포인트와 백 포인트를 연결하여 디스커넥션 커트 등 다양한 형태선을 나타내기 위해 사용하는 섹션은 무엇인가?

① 리세션 ② 프린지 ③ 라운드 ④ U라인

4 앞머리 커트를 위한 섹션은 무엇인가?

① 리세션 ② 프린지 ③ 라운드 ④ U라인

5 좌우의 길이가 같아지게 하는 베이스는 무엇인가?

① 온 더 베이스 ② 사이드 베이스 ③ 오프 더 베이스 ④ 프리 베이스

6 모발을 베이스 밖으로 당기는 정도에 따라 길이가 급격한 변화를 보이는 베이스는 무엇인가?

① 사이드 베이스 ② 오프 더 베이스 ③ 프리 베이스 ④ 트위스트 베이스

7 빗질 방향 중 중력의 방향으로 0° 빗질하는 것은 무엇인가?

① 자연 ② 직각 ③ 변형 ④ 방향

8 빗질방향 중 파팅과 상관없이 한 방향으로 빗질하는 것은 무엇인가?

① 자연 ② 직각 ③ 변형 ④ 방향

9 모발을 직선으로 자르고 무게감이 있는 커트 선을 만드는 커트 기법은 무엇인가?

① 블런트 커트 ② 나칭 ③ 포인트 커트 ④ 콤 컨트롤

10 모발을 45°로 하여 블런트 커트보다 무게감이 적은 선을 만드는 커트 기법은 무엇인가?

① 블런트 커트 ② 나칭 ③ 포인트 커트 ④ 콤 컨트롤

11 모발 끝을 쳐내고 나칭보다 불규칙하여 자연스러운 움직임의 커트 선을 만드는 커트 기법은 무엇인가?

① 블런트 커트 ② 나칭 ③ 포인트 커트 ④ 콤 컨트롤

12 커트 시 손으로 모발을 잡지 않고 빗을 따라 커트하며 최소한의 텐션이 들어가는 커트 기법은 무엇인가?

① 블런트 커트 ② 나칭 ③ 포인트 커트 ④ 콤 컨트롤

13 많은 양의 모발을 한번에 잡아 커트하고 모량이 적은 상태나 빠른시간에 커트를 끝내야 하는 상황에 사용하는 커트 기법은 무엇인가?

① 블록 커트 ② 싱글링 ③ 트리밍 ④ 프리 핸즈

예상문제

14 모발이 짧아 손으로 잡기 힘든 길이를 커트 하는데 사용하며 주로 남자머리에 사용하는 커트 기법은 무엇인가?

① 블록 커트 ② 싱글링 ③ 트리밍 ④ 프리 핸즈

15 튀어나온 모발을 정리하며 빗을 사용하지 않고 엄지에 가위의 고정날을 세워 사용하는 커트 기법은 무엇인가?

① 블록 커트 ② 싱글링 ③ 트리밍 ④ 프리 핸즈

16 모발에 빗과 손을 대지 않고 디자인 라인을 커트하는 기법은 무엇인가?

① 블록 커트 ② 싱글링 ③ 트리밍 ④ 프리 핸즈

17 세임 레이어는 두상의 곡면에서 몇 도의 시술각으로 커트하는가?

① 0° ② 45° ③ 65° ④ 90°

18 세임 레이어의 베이스 컨트롤은 무엇인가?

① 온 더 베이스 ② 사이드 베이스 ③ 오프 더 베이스 ④ 프리 베이스

19 헤어디자인의 3요소가 아닌 것은?

① 모양 ② 형태 ③ 질감 ④ 색

20 디스커넥션 커트가 등장한 시기는?

① 1970년대 ② 1980년대 ③ 1990년대 ④ 2000년대

21 두상 3등분 명칭의 분류가 아닌 것은?

① 인테리어 ② 크레스트 ③ 곡선 ④ 엑스테리어

22 센터 섹션과 이어 투 이어 섹션이 겹쳐진 섹션은 무엇인가?

① 센터 ② 이어 투 이어 ③ 사이드 ④ 리세션

23 형태선을 만들 때 사용하는 섹션은 무엇인가?

① 리세션 ② 프린지 ③ 라운드 ④ U라인

24 골덴 포인트에서 길이를 결정하여 커트하는 섹션은 무엇인가?

① 리세션 ② 프린지 ③ 라운드 ④ U라인

25 커트 시 가장 많이 사용하는 머리의 위치는 무엇인가?

① 똑바로 ② 앞으로 ③ 옆으로(좌) ④ 옆으로(우)

26 파팅의 종류를 모두 쓰시오.

27 베이스의 종류를 모두 쓰시오.

예상문제

28 커트 빗의 빗살 간격에 따른 명칭을 쓰시오.

29 모발 위쪽에 레저를 두고 레저로 모발을 쳐내듯이 밑으로 밀어 커트하며 바깥쪽에 미세한 층이 생겨 바깥말음의 효과를 만드는 커트 기법은 무엇인가?

30 모발 안쪽에 레저를 두고 모발을 들어 올리면서 레저를 앞으로 당겨 커트하며 안쪽에 미세한 층이 생겨 안말음의 효과를 만드는 커트 기법은 무엇인가?

31 크라운과 탑의 모발 끝에 레저를 감자 깎듯이 뜯어내며 커트하는 기법은 무엇인가?

32 '치다'라는 뜻으로 가위로 모발을 쳐내는 느낌으로 커트하며 형태와 질감, 볼륨감을 동시에 만들고 샤기 스타일을 표현할 때 주로 사용하는 질감처리 기법은 무엇인가?

33 가위를 미끄러지듯이 모발 표면에 따라 질감을 조절하고 자연스러움을 주는 질감처리 기법은 무엇인가?

34 모발 끝을 향해 짧은 모발과 긴 모발을 자연스럽게 연결하는 질감처리 기법은 무엇인가?

35 모발 바깥쪽에 층을 주어 바깥 말음의 효과를 주며 손에 힘이 많이 들어가지 않도록 해야 하는 질감처리 기법은 무엇인가?

36 모발 안쪽에 층을 주어 안말음의 효과를 주며 손에 힘이 많이 들어가지 않도록 해야 하는 질감처리 기법은 무엇인가?

37 모발 끝선의 무게감을 감소시켜 네이프 목선에 모발을 밀착시키거나 앞머리의 흐름을 주고 디자인 라인의 연결을 하며 빗과 레져를 회전하며 커트하는 질감처리 기법은 무엇인가?

예상문제

38 테이퍼링 기법 3가지를 쓰시오.

39 커트의 기본형 4가지를 쓰시오.

40 원랭스 중 앞이 길어지는 형태를 나타내는 것은 무엇인가?

41 로우 그래쥬에이션의 특징을 쓰시오.

42 미디움 그래쥬에이션의 특징을 쓰시오.

43 하이 그래쥬에이션의 특징을 쓰시오.

44 하이 레이어의 다른 명칭은 무엇인가?

45 하이 레이어의 커트 라인 중 수평 라인의 특징을 쓰시오.

46 하이 레이어의 커트 라인을 모두 쓰시오.

47 레이어 커트의 종류를 쓰시오.

48 원랭스 수평의 커트 순서를 쓰시오.

49 세임 레이어의 커트 순서를 쓰시오.

50 그래쥬에이션의 커트 순서를 쓰시오.

BASIC HAIR CUT

제8강 기본 헤어 커트 실습 2 (원랭스 전대각)

8

학습목표

원랭스를 이해한다.

원랭스 전대각을 숙련한다.

원랭스 전대각

디자인 라인이 컨케이브(오목)의 형태로 나타나며 자연각으로 커트해서 단차(층)가 없고 무게감이 있다. 롱, 단발 등 길이에 구애받지 않고 연출할 수 있는 스타일이다. 앞쪽이 길어지는 형태로 세련되고 도시적인 분위기를 연출할 수 있다.

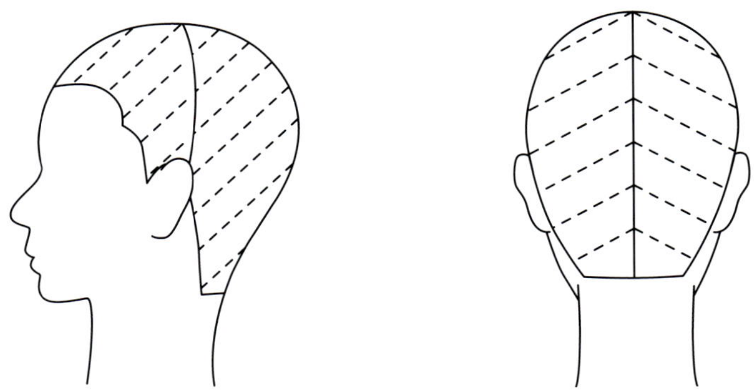

파 팅

· 커트 순서

섹션	센터, 이어 투 이어
머리위치	똑바로
파팅	전대각
빗질 방향(분배)	자연
각도(시술각)	자연 각도
손가락 위치	파팅과 평행
가이드 라인	고정

KEY POINT
• 전대각 파팅을 한다. • 양쪽 길이가 대칭이 되도록 한다. • 커트 시 각도가 들려 층이 생기지 않도록 주의한다. • 머리 위치에 주의한다.

● 4등분 섹션

모발 전체에 물을 충분히 도포한 후 곱게 빗어 C.P에서 오른쪽과 왼쪽을 가른다. T.P에서 이어 투 이어 파팅하고 T.P에서 N.P까지 가른 후 4등분으로 섹션한다.

섹션 앞

섹션 우

섹션 좌

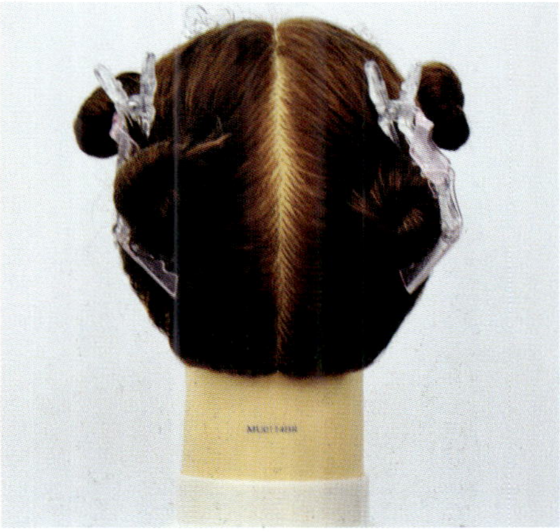

섹션 뒤

완성 앞

완성 우

완성 좌

완성 뒤

1 전대각 파팅 후 자연시술각 0˚로 빗질하고 전대각의 각도를 설정한다.

2 전대각 각도 설정 후 가이드라인을 기준으로 손가락 위치를 평행하게 하여 커트한다.

3 반대편도 자연시술각 0˚로 빗질하고 전대각의 각도를 설정한다.

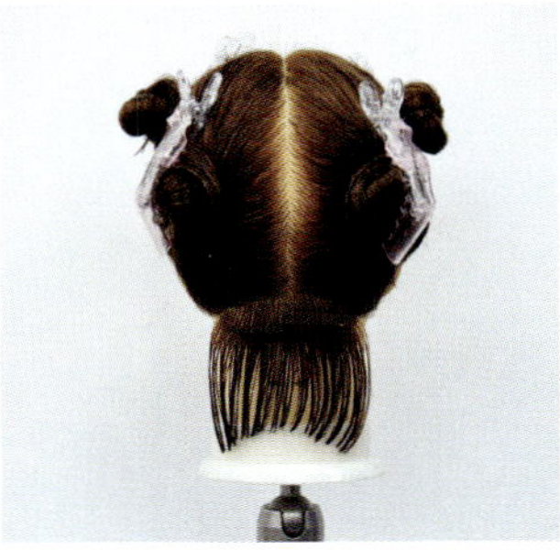

4 첫 번째 단 가이드라인 완성 모습

5 두 번째 단 전대각 파팅으로 내린 모습이다.

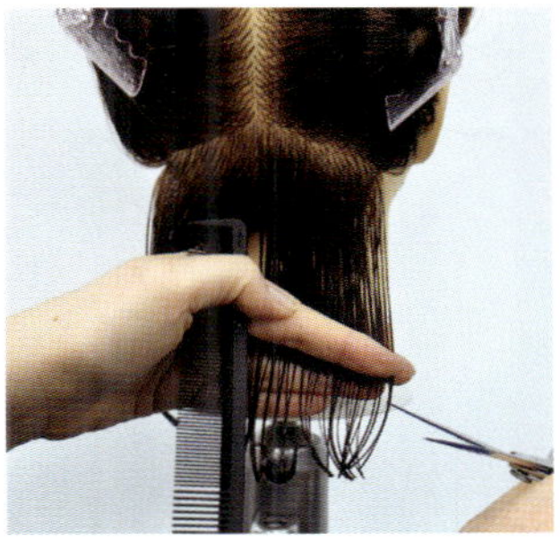

6 가이드라인에 맞춰 손가락 위치를 평행하게 커트를 진행한다.

7 오른쪽 단 완성 모습

8 가이드라인에 맞춰 손가락 위치를 평행하게 커트를 진행한다.

9 두 번째 단의 완성 모습

10 세 번째 단 전대각 파팅으로 내린 모습이다.

11 가이드라인에 맞춰 손가락 위치를 평행하게 커트를 진행한다.

12 가이드라인에 맞춰 손가락 위치를 평행하게 커트를 진행한다.

13 세 번째 단의 완성 모습

14 네 번째 단 전대각 파팅으로 내린 모습이다.

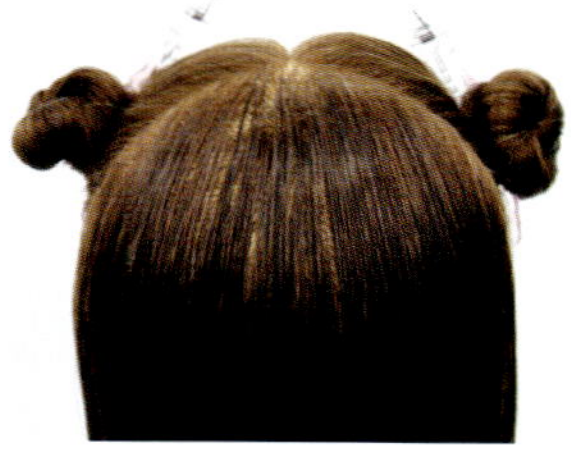

15 두상의 곡면을 따라 방사형으로 빗질한다.

16 탑 부분까지 진행한다.

17 뒷 부분의 나머지 부분도 같은 방법으로 진행한다.

18 뒷 부분의 완성 모습

19 오른쪽 사이드도 전대각 파팅한다.

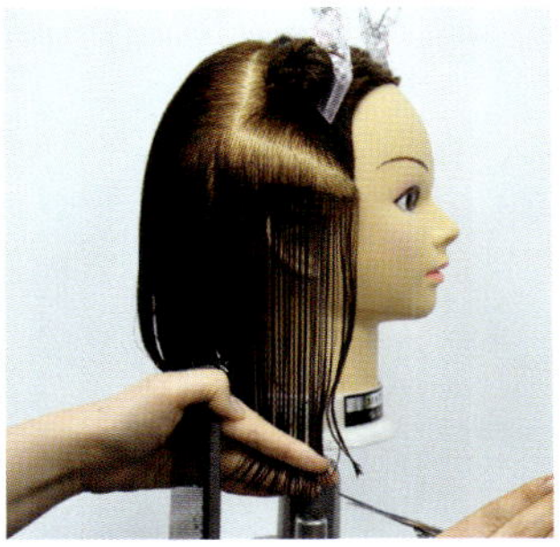

20 자연시술각을 유지하며 전대각 커트한다.

21 빗을 이용하여 각을 체크한다.

22 오른쪽 사이드의 가이드 라인을 확인한다.

23 헤어라인 부분에 텐션을 주지 않도록 주의하여 빗질한다.

24 빗질에 주의하여 커트한다.

25 빗질에 주의하여 커트한다.

26 왼쪽 사이드도 전대각 파팅한다.

27 자연시술각을 유지하며 전대각 커트한다.

28 왼쪽 사이드의 가이드 라인을 확인한다.

29 양쪽 밸런스를 체크한다.

30 헤어라인 부분에 텐션을 주지 않도록 주의하여 빗질한다.

31 빗질에 주의하여 커트한다.

32 빗을 이용하여 각을 체크한다.

33 왼쪽 사이드의 완성 모습

34 시술 후 앞

35 시술 후 우

36 시술 후 좌

37 시술 후 뒤

<table>
<tr><th colspan="6">디자인 실습</th></tr>
<tr><td>주 제</td><td colspan="5"></td></tr>
<tr><td>반</td><td></td><td>학 번</td><td></td><td>성 명</td><td></td></tr>
<tr><td colspan="6">디자인 이미지</td></tr>
<tr><td colspan="6"></td></tr>
</table>

섹션		
	앞	우
	좌	뒤
파팅		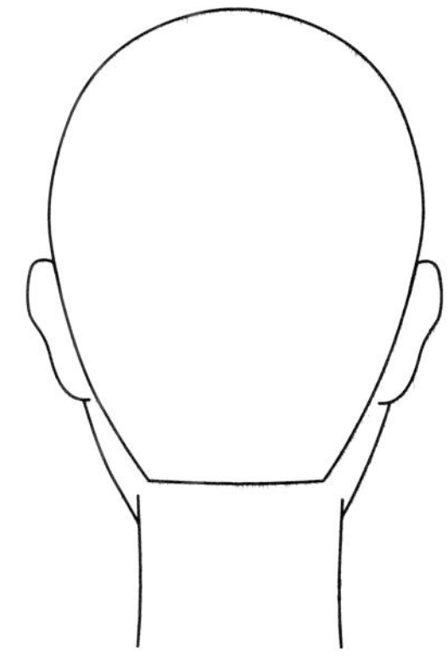

완성		
	앞	우
	좌	뒤
설명		

제9강
기본 헤어 커트 실습 3 (원랭스 후대각)

9

학습목표

원랭스를 이해한다.

원랭스 후대각을 숙련한다.

원랭스 후대각

디자인 라인이 컨벡스(볼록)의 형태로 나타나며 자연각으로 커트해서 단차(층)가 없고 무게감이 있다. 기장은 보브, 미디움, 세미롱, 롱에 연출할 수 있는 스타일이다. 뒤쪽이 길어지는 형태로 차분한 분위기를 연출할 수 있다.

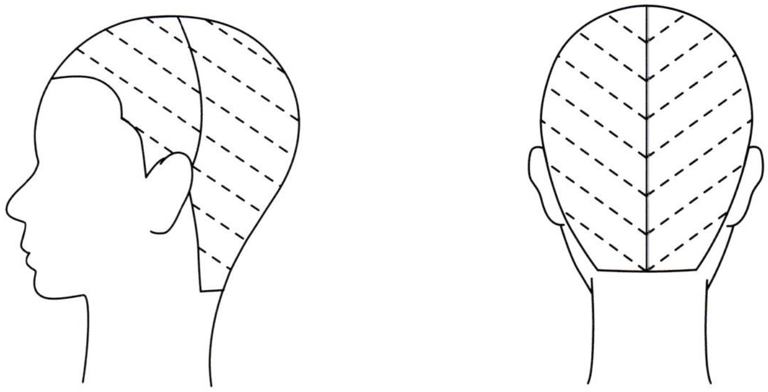

파 팅

· 커트 순서

섹션	센터, 이어 투 이어
머리위치	똑바로
파팅	후대각
빗질 방향(분배)	자연
각도(시술각)	자연 각도
손가락 위치	파팅과 평행
가이드 라인	고정

KEY POINT
• 후대각 파팅을 한다. • 양쪽 대칭이 되도록 한다. • 커트 시 각도가 들려 층이 생기지 않도록 주의한다. • 머리 위치에 주의한다.

● 4등분 섹션

모발 전체에 물을 충분히 도포한 후 곱게 빗어 C.P에서 오른쪽과 왼쪽을 가른다.
T.P에서 이어 투 이어 파팅하고 T.P에서 N.P까지 가른 후 4등분으로 섹션한다.

섹션 앞

섹션 우

섹션 좌

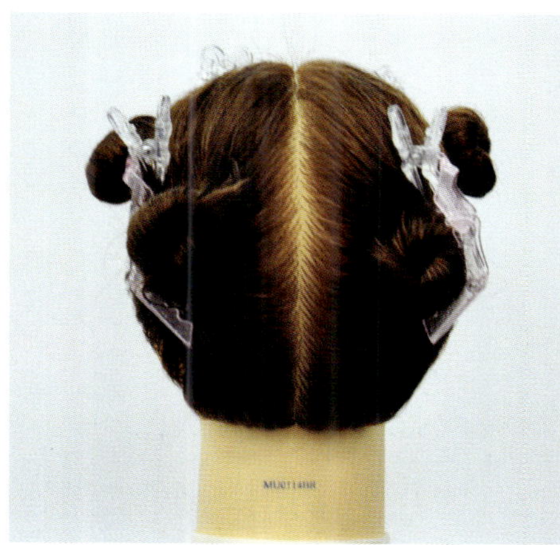

섹션 뒤

완성 앞

완성 우

완성 좌

완성 뒤

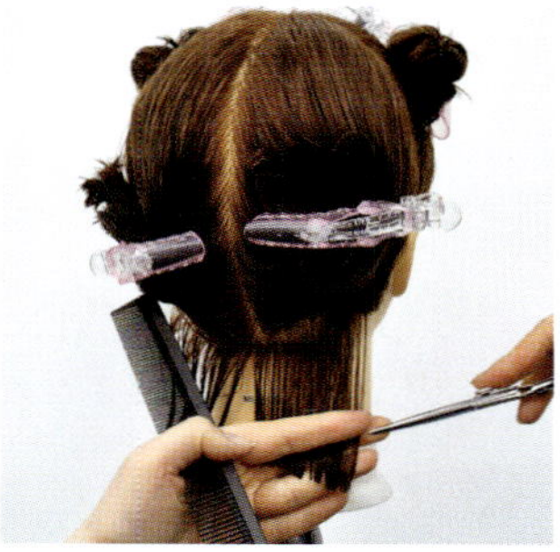

1 후대각 파팅 후 자연시술각 0˚로 빗질하고 전대각의 각도를 설정한다.

2 후대각 각도 설정 후 가이드라인을 기준으로 손가락 위치를 평행하게 하여 커트한다.

3 반대편도 자연시술각 0˚로 빗질하고 후대각의 각도를 설정한다.

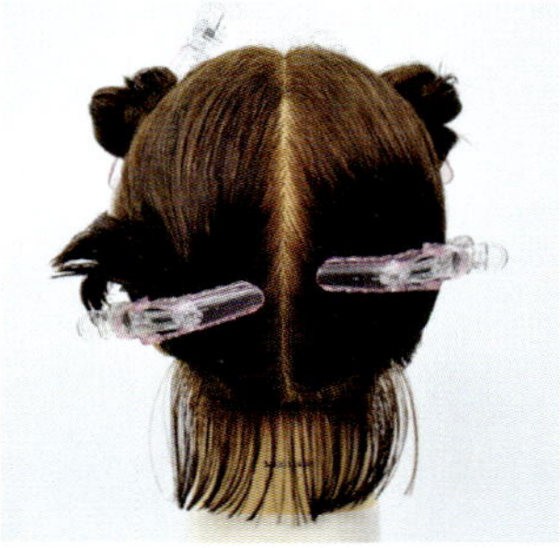

4 첫 번째 단 가이드라인 완성 모습

5 가이드라인에 맞춰 손가락 위치를 평행하게 커트를 진행한다.

6 두 번째 단의 완성 모습

7 양쪽 밸런스를 체크한다.

8 오른쪽 후대각 파팅으로 진행한다.

9 왼쪽도 후대각 파팅으로 진행한다.

10 자연시술각을 유지하며 후대각 커트한 모습이다.

11 두상의 곡면을 따라 방사형으로 빗질한다.

12 탑 부분까지 진행한다.

13 뒷 부분의 나머지 부분도 같은 방법으로 진행한다.

14 뒷 부분의 완성 모습이다.

15 오른쪽 사이드도 후대각 파팅한다.

16 자연시술각을 유지하며 후대각 커트한다.

17 오른쪽 사이드의 가이드 라인을 확인한다.

18 두 번째 단도 후대각 파팅으로 내린다.

19 헤어라인 부분에 텐션을 주지 않도록 주의하여 빗질한다.

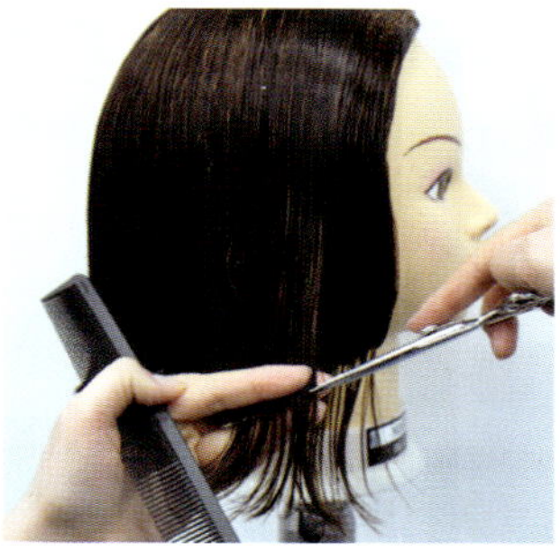

20 빗질에 주의하여 커트한다.

21 오른쪽 사이드 완성 모습

22 왼쪽 사이드도 후대각 파팅한다.

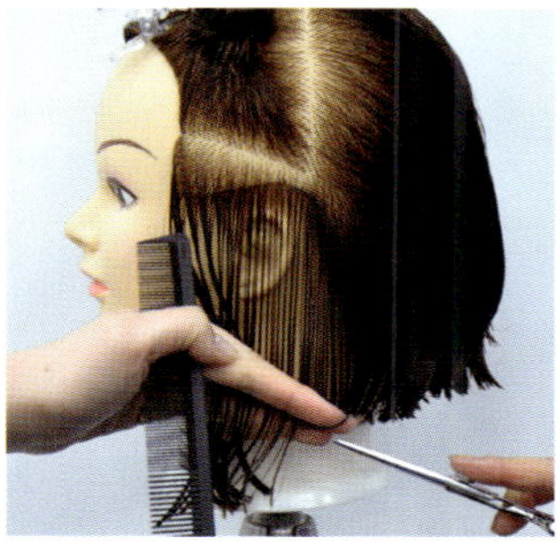

23 자연시술각을 유지하며 후대각으로 가이드 라인을 설정한다.

24 양쪽 밸런스를 체크한다.

25 헤어라인 부분에 텐션을 주지 않고 빗질에 주의하여 커트한다.

26 시술 후 좌

27 시술 후 앞

28 시술 후 우

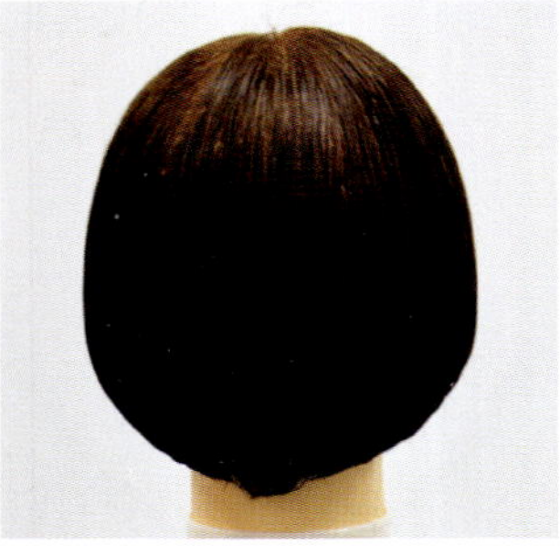

29 시술 후 뒤

디자인 실습

주 제					
반		학 번		성 명	
디자인 이미지					

섹션		
	앞	우
	좌	뒤
파팅	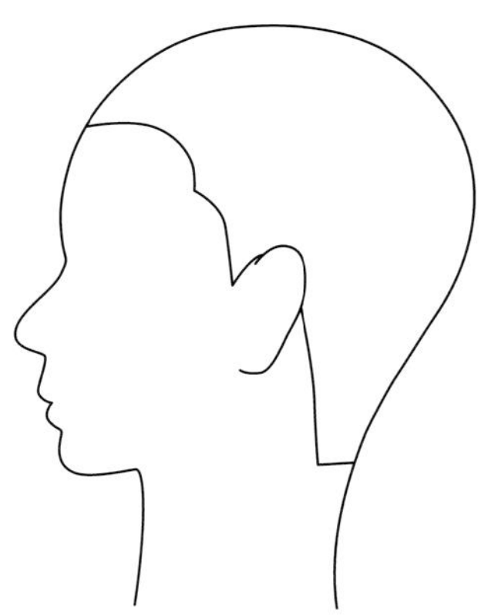	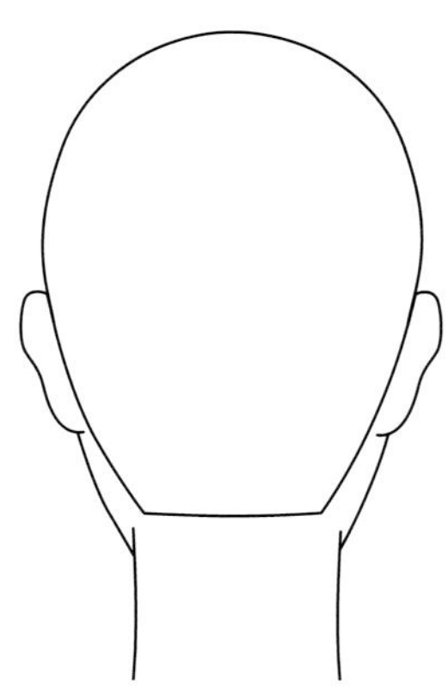

<table>
<tr><td rowspan="4">완성</td><td></td><td></td></tr>
<tr><td>앞</td><td>우</td></tr>
<tr><td></td><td></td></tr>
<tr><td>좌</td><td>뒤</td></tr>
<tr><td>설명</td><td colspan="2"></td></tr>
</table>

BASIC HAIR CUT

10

제10강
기본 헤어 커트 실습 4
(그래쥬에이션)

학습목표

각도에 따른 그래쥬에이션의 차이를 이해한다.

그래쥬에이션을 숙련한다.

그래쥬에이션

각도를 조절하여 무게감과 층을 주어 원하는 위치에 볼륨감을 표현할 수 있는 스타일이다. 주로 쇼트, 보브, 미디움 기장에 사용된다.

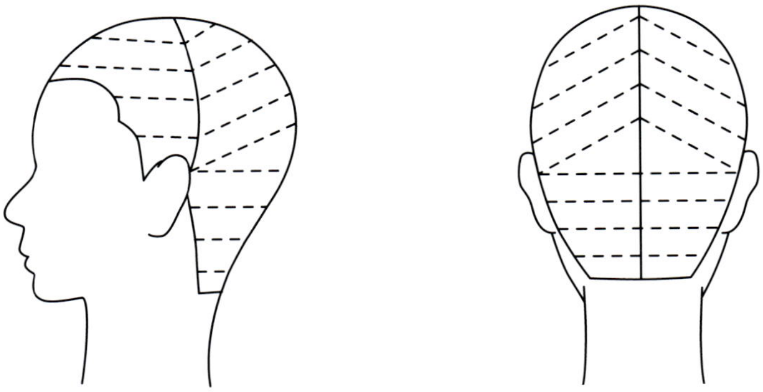

파 팅

· **커트 순서**

섹션	센터, 이어 투 이어
머리위치	똑바로
파팅	수평, 전대각
빗질 방향(분배)	직각
각도(시술각)	낮은 시술각, 중간 시술각
손가락 위치	파팅과 평행
가이드 라인	고정, 이동

KEY POINT
• 로우, 미디움, 하이 그래쥬에이션을 표현할 수 있다. • 원하는 위치의 볼륨을 선정하여 각도를 정한다. • 정해진 각도를 유지하여 커트한다.

- **4등분 섹션**

모발 전체에 물을 충분히 도포한 후 곱게 빗어 C.P에서 오른쪽과 왼쪽을 가른다.
T.P에서 이어 투 이어 파팅하고 T.P에서 N.P까지 가른 후 4등분으로 섹션한다.

섹션 앞

섹션 우

섹션 좌

섹션 뒤

완성 앞

완성 우

완성 좌

완성 뒤

1 수평 파팅으로 첫 번째 단을 내린다.

2 중앙 가이드라인을 설정한 모습이다.

3 가이드라인을 기준으로 손가락 위치를 평행하게 하여 커트한다.

4 가이드라인 오른쪽 완성 모습

5 왼쪽도 자연시술각을 유지하며 동일하게 진행한다.

6 자연시술각 0°의 수평 파팅으로 진행한 모습이다.

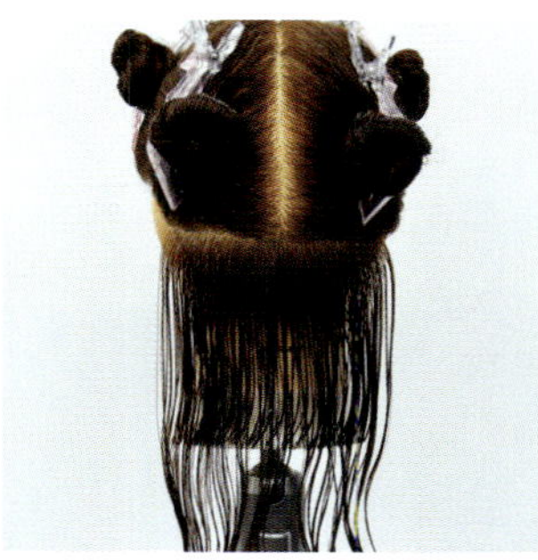

7 수평 파팅으로 두 번째 단을 내린다.

8 첫 번째 단과 동일한 방법으로 커트된 모습이다.

9 수평 파팅으로 세 번째 단을 내린다.

10 두 번째 단과 동일한 방법으로 커트된 모습이다.

11 원랭스 커트된 모습이다.

12 전대각 파팅 후 수직 섹션의 중간 시술각으로 손가락은 비평행 커트한다.

13 수직 섹션 중간 시술각으로 커트된 모습이다.

14 중앙을 고정 가이드로 사이드 베이스 커트를 진행한다.

15 빗으로 체크해가며 사이드 베이스로 진행된 커트를 확인한다.

16 양쪽 동일하게 커트한 모습이다.

17 전대각 파팅의 중간 시술각으로 직각 분배, 손가락은 평행으로 커트한다.

18 왼쪽도 동일한 방법으로 커트를 진행한다.

19 커트된 모습이다.

20 전대각 파팅으로 커트된 형태를 확인한다.

21 오른쪽 수평 파팅하여 자연시술각 0°로 손가락은 평행하게 커트한다.

22 오른쪽 사이드 첫 단의 커트된 모습이다.

23 낮은 시술각의 수평 파팅으로 손가락도 평행하게 커트한다.

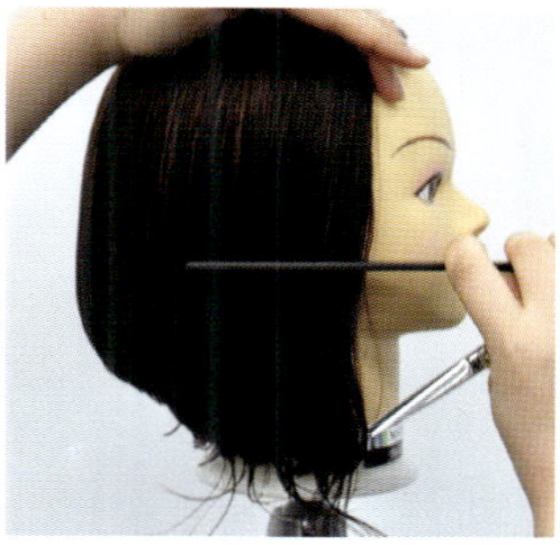

24 헤어라인 부분에 텐션을 주지 않도록 주의하여 빗질한다.

25 빗질에 주의하여 커트한다.

26 오른쪽 사이드의 완성 모습

27 왼쪽 사이드 수평 파팅한다.

28 자연시술각 0°로 손가락과 평행하게 커트한다.

29 커트된 모습이다.

30 양쪽 밸런스를 체크한다.

31 낮은 시술각의 수평 파팅으로 손가락도 평행하게 커트한다.

32 커트된 모습이다.

33 헤어라인 부분에 텐션을 주지 않도록 주의하여 빗질한다.

34 빗질에 주의하여 커트한다.

35 왼쪽 사이드 완성 모습

36 시술 후 앞

37 시술 후 우

38 시술 후 좌

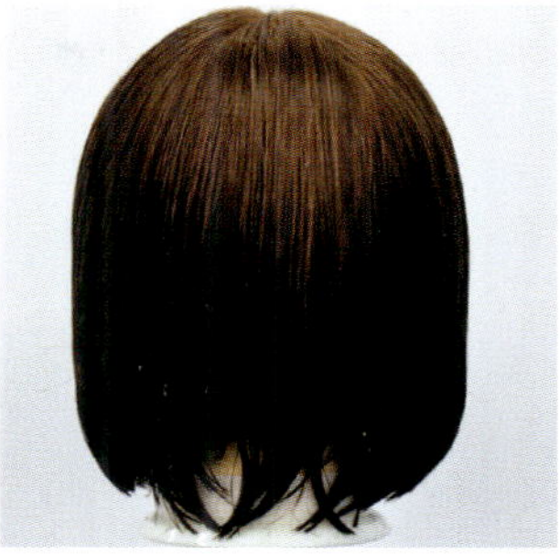

39 시술 후 뒤

<table>
<tr><th colspan="6">디자인 실습</th></tr>
<tr><td>주 제</td><td colspan="5"></td></tr>
<tr><td>반</td><td></td><td>학 번</td><td></td><td>성 명</td><td></td></tr>
<tr><td colspan="6">디자인 이미지</td></tr>
<tr><td colspan="6"></td></tr>
</table>

섹션		
	앞	우
	좌	뒤
파팅		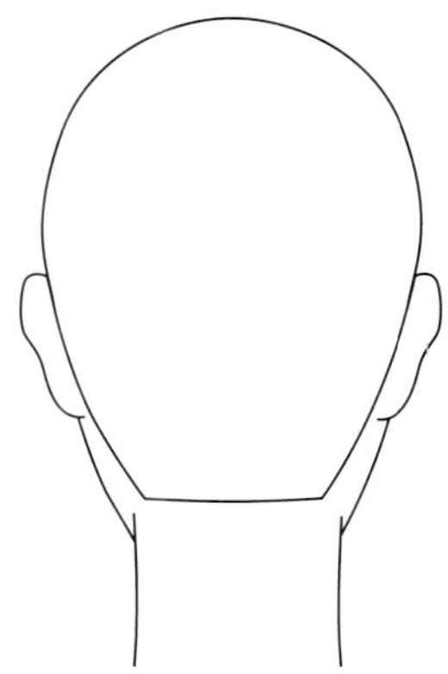

<table>
<tr><td rowspan="4">완성</td><td></td><td></td></tr>
<tr><td>앞</td><td>우</td></tr>
<tr><td></td><td></td></tr>
<tr><td>좌</td><td>뒤</td></tr>
<tr><td>설명</td><td colspan="2"></td></tr>
</table>

11

제11강
기본 헤어 커트 실습 5 (세임 레이어)

학습목표

두상에 대한 90°의 세임 레이어를 이해한다.

세임 레이어를 숙련한다.

세임 레이어

전체적으로 같은 길이, 같은 90°로 커트하여 무게감이 없고 층이 생기는 스타일이다. 두상의 형태가 그대로 드러나므로 볼륨을 원하는 스타일에는 단독으로 사용하지 않는다. 주로 짧은 스타일을 표현할 때 사용하고 미디움, 세미롱, 롱 기장에도 사용된다.

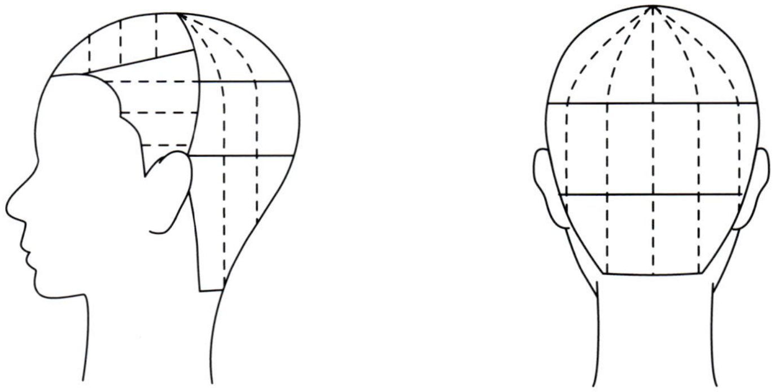

파 팅

· **커트 순서**

섹션	6등분(언더, 미들, 오버, 사이드, 탑)
머리위치	똑바로
파팅	수직, 피봇, 수평
빗질 방향(분배)	직각
각도(시술각)	일반 각도, 두상 곡면 90°
손가락 위치	파팅과 평행
가이드 라인	이동

KEY POINT
• 모발의 길이가 전체적으로 동일하다. • 모발의 각도가 모두 두상으로부터 90°이다. • 남성 헤어에서 자주 쓰인다.

● **6등분 섹션**

전두부는 C.P를 중심으로 약 8cm의 넓이로 곱게 빗어 핀 세트로 고정시킨다. 양 사이드는 귓바퀴 1cm 지점까지 나누어 빗어 핀 세트로 고정시킨다. 백 부분은 오버, 미들, 언더로 하고 총 6등분으로 나눈다.

섹션 앞

섹션 우

섹션 좌

섹션 뒤

완성 앞

완성 우

완성 좌

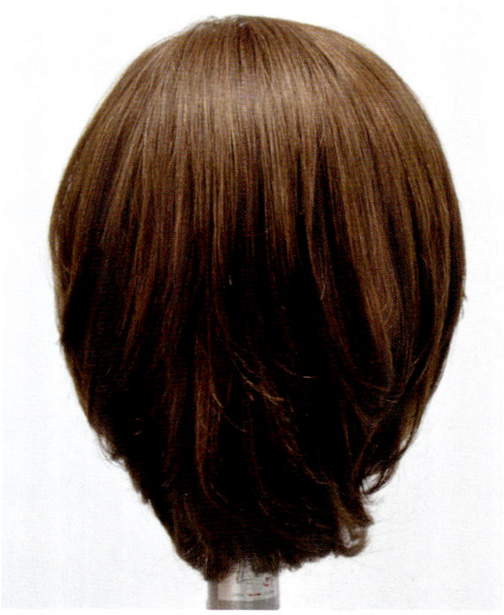

완성 뒤

1 오버, 미들, 언더로 섹션을 분할한 후 언더의 중앙부터 커트를 시작한다.

2 수직 파팅의 직각분배로 두상 곡면의 90˚로 두상과 손가락 위치도 평행하게 커트한다.

3 커트된 섹션을 빗으로 확인한다.

4 오른쪽부터 온 베이스의 이동 가이드로 커트를 진행한다.

5 오른쪽의 커트된 모습이다.

6 왼쪽도 동일한 방법으로 커트된 모습이다.

7 미들 섹션도 중앙부터 커트를 시작한다.

8 직각 분배로 언더섹션의 가이드로 연결하여 두상 곡면의 90˚ 손가락 위치도 평행하게 커트한다.

9 온 베이스의 이동 가이드로 커트를 진행한다.

10 미들 섹션의 커트된 모습이다.

11 오버 섹션의 T.P를 피봇점으로 파팅을 나눈다.

12 백 센터를 기준으로 두상 곡면의 90˚로 직각 분배하여 커트한다.

13 뒷 부분을 커트하여 방사형으로 빗질한 모습이다.

14 오른쪽 사이드 첫 번째 단 수평 파팅 한다.

15 두상 곡면의 90˚로 들어 손가락 위치도 평행하게 커트한다.

16 두 번째 단도 동일한 방법으로 커트를 진행한다.

17 오른쪽 사이드의 커트된 모습이다.

18 왼쪽 사이드 첫 번째 단 수평 파팅 한다.

19 양쪽 밸런스를 체크한다.

20 왼쪽 사이드도 오른쪽 사이드와 동일하게 커트된 모습이다.

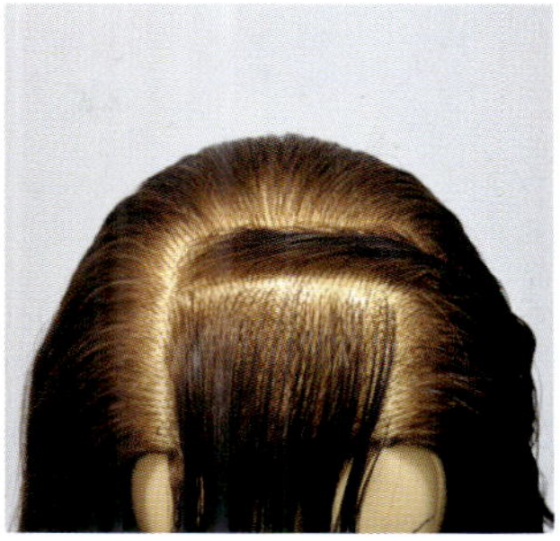

21 수평 파팅으로 가이드를 가져와 두상 곡면의 90˚로 두상과 손가락 위치도 평행하게 커트한다.

22 동일한 방법으로 가이드를 가져와 커트한다.

23 시술 후 앞

24 시술 후 우

25 시술 후 좌

26 시술 후 뒤

디자인 실습

주 제					
반		학 번		성 명	
디자인 이미지					

<table>
<tr><td rowspan="4">섹션</td><td></td><td></td></tr>
<tr><td>앞</td><td>우</td></tr>
<tr><td></td><td></td></tr>
<tr><td>좌</td><td>뒤</td></tr>
<tr><td>파팅</td><td></td><td>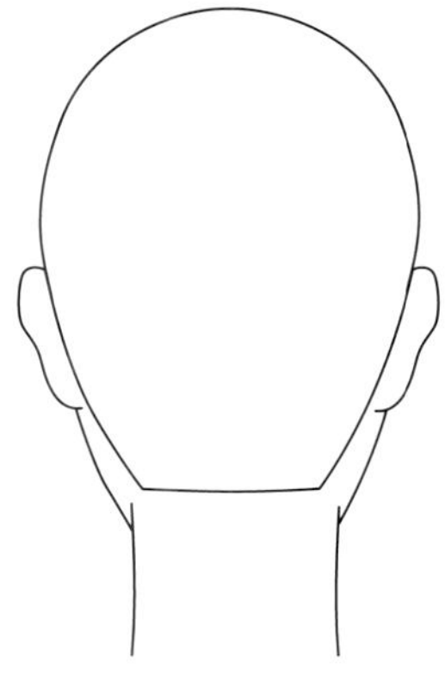</td></tr>
</table>

<table>
<tr><td rowspan="4">완성</td><td></td><td></td></tr>
<tr><td>앞</td><td>우</td></tr>
<tr><td></td><td></td></tr>
<tr><td>좌</td><td>뒤</td></tr>
<tr><td>설명</td><td colspan="2"></td></tr>
</table>

12

제12강
기본 헤어 커트 실습 6
(하이 레이어 1)

학습목표

파팅 방향에 따른 하이 레이어를 이해한다.

하이 레이어를 숙련한다.

하이 레이어 1

하이 레이어는 파팅의 방향에 따라 단차(층)의 위치, 높이 등을 조절할 수 있다. 이 스타일은 얼굴 앞 방향으로 파팅하여 커트한다. 뒤쪽으로 흐르는 후대각 라인의 단차(층)가 생긴다.

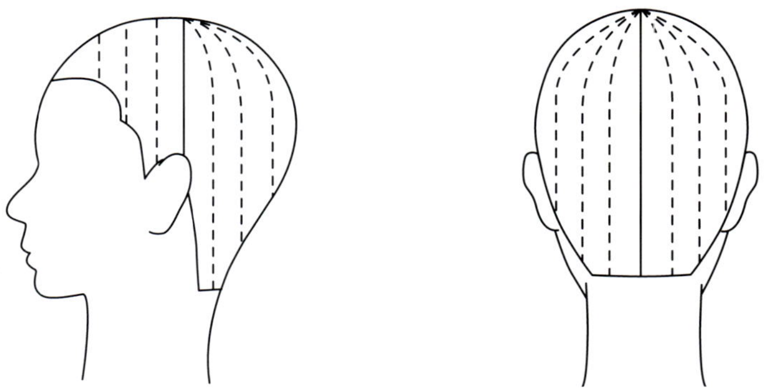

파 팅

· **커트 순서**

섹션	센터, 이어 투 이어
머리위치	똑바로
파팅	수평, 수직, 피봇
빗질 방향(분배)	직각
각도(시술각)	두상 곡면 0˚
손가락 위치	파팅과 비평행
가이드 라인	고정

KEY POINT
• 모발의 단차에 따라 다른 느낌으로 연출된다. • 모발길이는 탑에서 네이프로 갈수록 길어진다. • 커트의 기법을 사용하여 급격하게 모발길이의 단층을 낼 수 도 있다.

● 4등분 섹션

모발 전체에 물을 충분히 도포한 후 곱게 빗어 C.P에서 오른쪽과 왼쪽을 가른다. T.P에서 이어 투 이어 파팅하고 T.P에서 N.P까지 가른 후 4등분으로 섹션한다.

섹션 앞

섹션 우

섹션 좌

섹션 뒤

완성 앞

완성 우

완성 좌

완성 뒤

1 수평 파팅으로 첫 번째 단을 내린다.

2 중앙 가이드라인을 설정한다.

3 중앙 가이드라인을 설정한 모습이다.

4 가이드라인을 기준으로 손가락 위치를 평행하게 하여 커트한다.

5 가이드라인 오른쪽 완성 모습

6 왼쪽도 자연시술각을 유지하며 동일하게 진행한다.

7 수평 파팅에 주의하며 진행한다.

8 중앙부터 손가락 위치를 평행하게 하여 커트한다.

9 자연시술각 0°의 수평 파팅으로 진행한 모습이다.

10 두상의 곡면을 따라 방사형으로 빗질한다.

11 탑 부분까지 커트를 진행한다.

12 오른쪽 사이드도 수평 파팅한다.

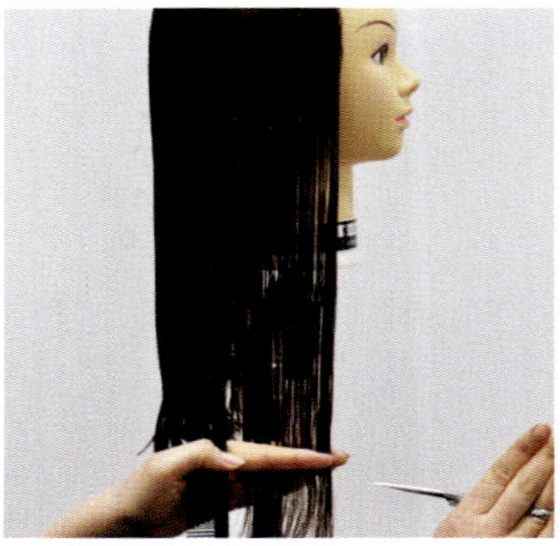

13 자연시술각을 유지하며 평행하게 커트한다.

14 파팅 선을 연결하여 가이드라인을 확인한다.

15 헤어라인 부분에 텐션을 주지 않도록 주의하여 커트한다.

16 오른쪽 사이드 수평라인으로 완성한 모습이다.

17 왼쪽 사이드도 수평 파팅한다.

18 자연시술각을 유지하며 평행하게 커트한다.

19 왼쪽 사이드 수평라인으로 완성한 모습이다.

20 수평 원랭스의 완성모습

21 센터기준 양쪽 동일하게 수직 파팅한다.

22 왼쪽 사이드 직각 분배로 손가락은 비평행 커트한다.

23 왼쪽 가이드라인 설정한 모습이다.

24 오른쪽 사이드 첫 번째 단을 나눈다. 왼쪽과 동일한 방법으로 커트한다.

25 왼쪽 고정가이드에 맞춰 손은 비평행 커트한다.

26 백 센터까지 동일한 방법으로 계속 커트한다.

27 직각 분배에 주의하며 손은 비평행으로 계속 커트한다.

28 오른쪽도 같은 방법으로 커트한 후 앞모습이다.

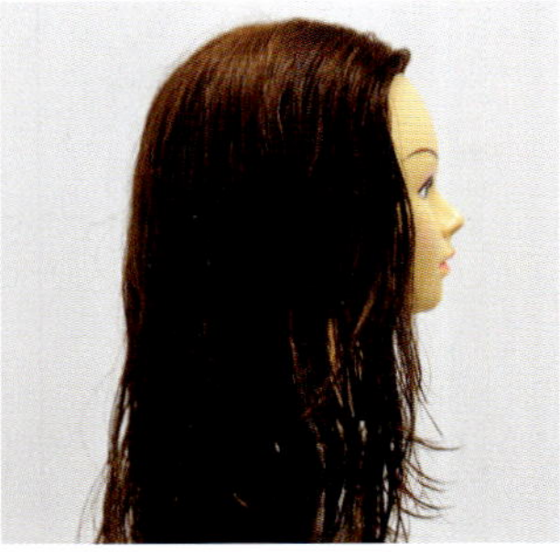

29 시술 후 우

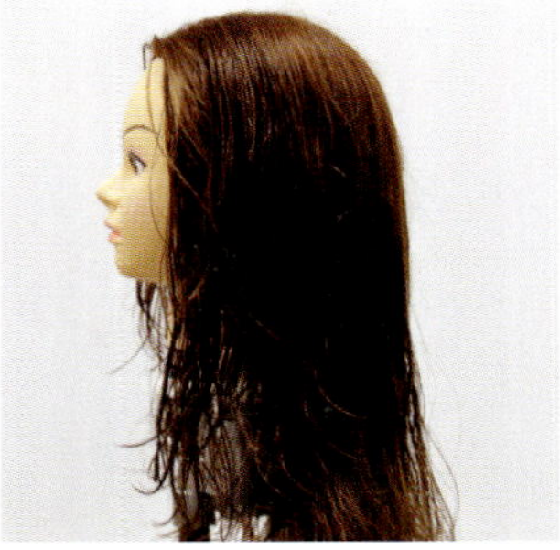

30 시술 후 좌

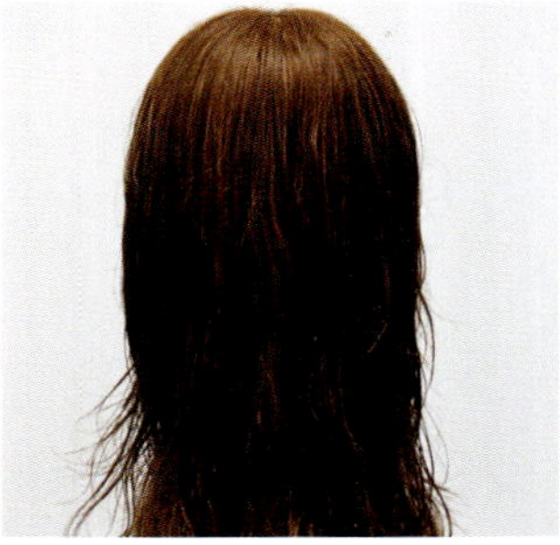

31 시술 후 뒤

디자인 실습

주 제					
반		학 번		성 명	
디자인 이미지					

구분		
섹션		
	앞	우
	좌	뒤
파팅	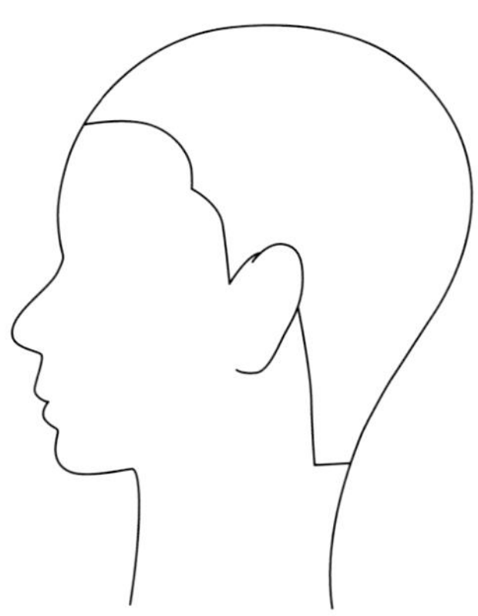	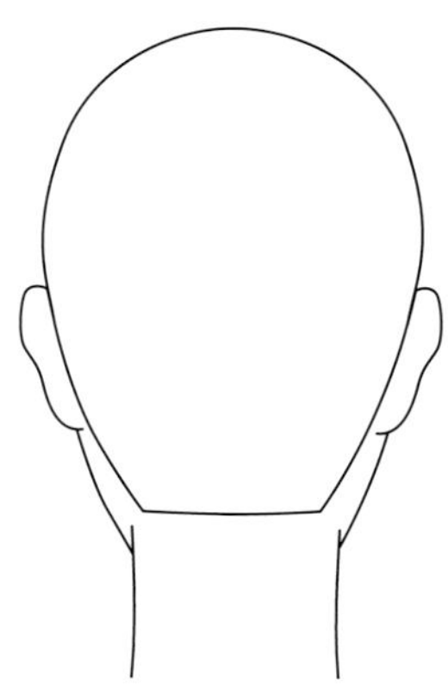

<table>
<tr><td rowspan="4">완성</td><td></td><td></td></tr>
<tr><td>앞</td><td>우</td></tr>
<tr><td></td><td></td></tr>
<tr><td>좌</td><td>뒤</td></tr>
<tr><td>설명</td><td colspan="2"></td></tr>
</table>

BASIC
HAIR
CUT

13

제13강
기본 헤어 커트 실습 7
(하이 레이어 2)

학습목표

빗질 방향에 따른 하이 레이어를 이해한다.

하이 레이어를 숙련한다.

하이 레이어 2

하이 레이어는 파팅의 방향에 따라 단차(층)의 위치, 높이 등을 조절할 수 있다. 이 스타일은 단차(층)가 크게 생기는 스타일이다.

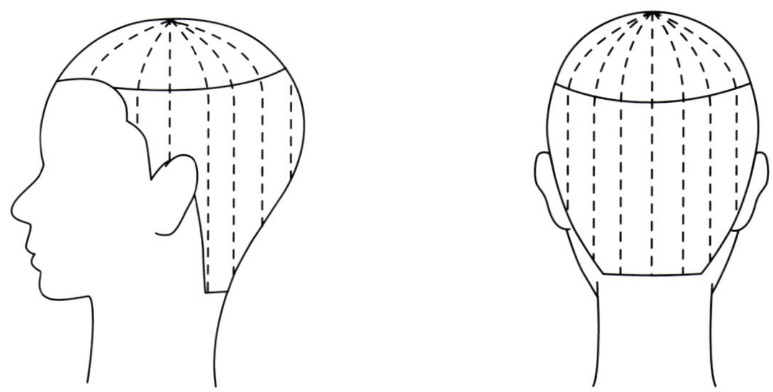

파 팅

· **커트 순서**

섹션	3등분(오버, 사이드, 엑스테리어)
머리위치	똑바로
파팅	수직, 피봇
빗질 방향(분배)	방향
각도(시술각)	위로 똑바로
손가락 위치	바닥과 평행
가이드 라인	고정

KEY POINT
• 모발의 단차에 따라 다른 느낌으로 연출된다. • 모발길이는 탑에서 네이프로 갈수록 길어진다. • 모발의 단면이 많이 나타나고 탑부분의 볼륨감을 연출할 수 있다.

● 3등분 섹션

오버 섹션을 제외한 나머지 모발은 곱게 빗어 놓는다.

오버 섹션의 앞부분은 C.P를 기준으로 두 개로 나누어 곱게 빗어 핀 세트로 고정시킨다.

오버 섹션의 뒷부분도 하나로 곱게 빗어 핀 세트로 고정시킨다.

섹션 앞

섹션 우

섹션 좌

섹션 뒤

완성 앞

완성 우

완성 좌

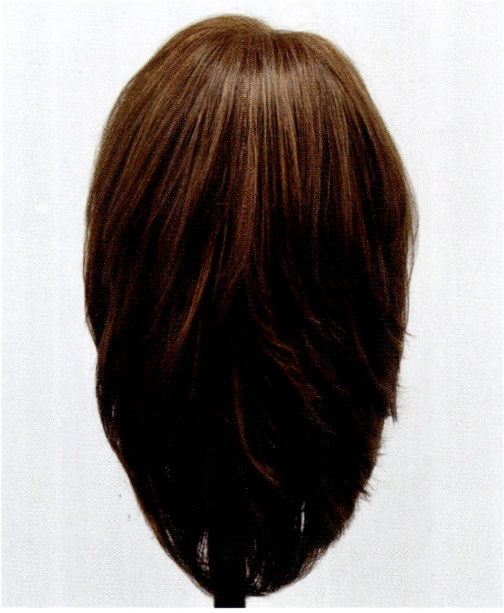

완성 뒤

1 크레스트 지역 백 센터 수직 파팅의 직각 분배로 손가락 위치 비평행으로 커트한다.

2 왼쪽 온 베이스로 직각 분배, 손가락 비평행 커트한다.

3 온 베이스로 직각 분배, 손가락 비평행으로 커트한다.

4 측중선을 고정 가이드로 나머지 모발을 오프 베이스의 직각 분배로 커트한다.

5 백 센터를 중심으로 오른쪽의 모발도 왼쪽과 동일한 방법으로 커트한다.

6 크레스트 지역 완성 모습

7 피봇 파팅으로 분할한다.

8 위로 똑바로 빗질한다.

9 손가락 위로 똑바로 수평 커트한다.

10 커트된 모습이다.

11 뒷 부분 완성 모습

12 T.P를 피봇 점으로 파팅을 나눈다.

13 위로 똑바로 빗질하여 수평 커트하고 나머지 모발도 동일한 방법으로 커트를 진행한다.

14 시술 후 앞

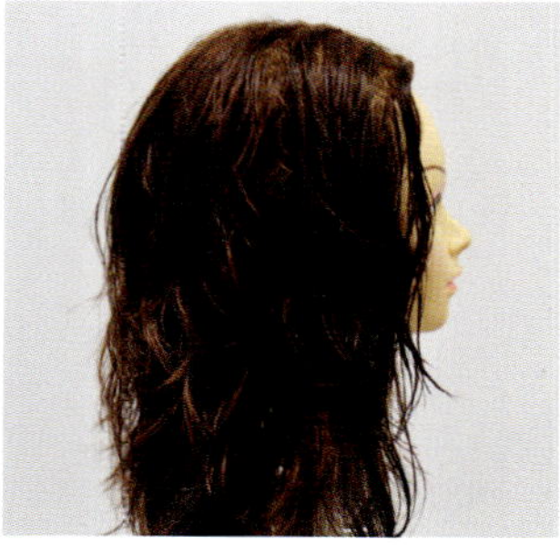

15 시술 후 우

16 시술 후 좌

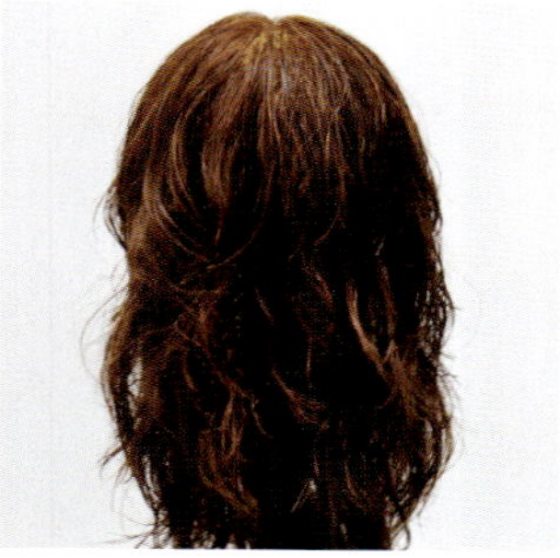

17 시술 후 뒤

디자인 실습

주 제					
반		학 번		성 명	
디자인 이미지					

구분		
섹션		
	앞	우
	좌	뒤
파팅		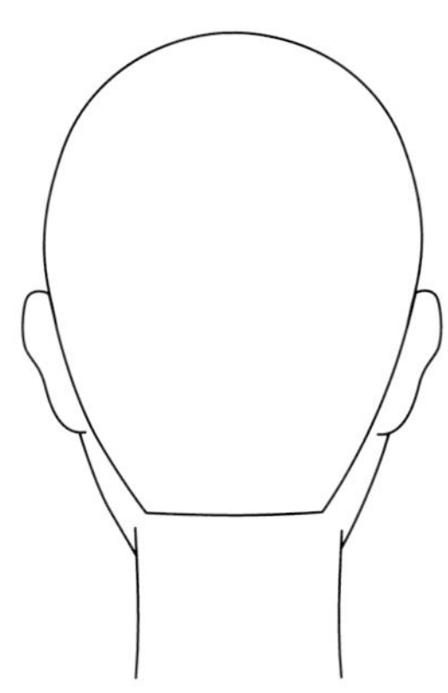

<table>
<tr><td rowspan="4">완성</td><td></td><td></td></tr>
<tr><td>앞</td><td>우</td></tr>
<tr><td></td><td></td></tr>
<tr><td>좌</td><td>뒤</td></tr>
<tr><td>설명</td><td colspan="2"></td></tr>
</table>

BASIC HAIR CUT

14

제14강
기본 헤어 커트 실습 8
(혼합형 그래쥬에이션+레이어)

학습목표

혼합형을 이해한다.

혼합형(그래쥬에이션+레이어)을 숙련한다.

혼합형 그래쥬에이션+레이어

쇼트 스타일에 사용되는 경우가 많으나 모발길이를 길게 하는 경우도 디자인이 가능하다. 모발이 길이뿐만 아니라 각도를 다르게 하여 다양한 느낌으로 연출된다.

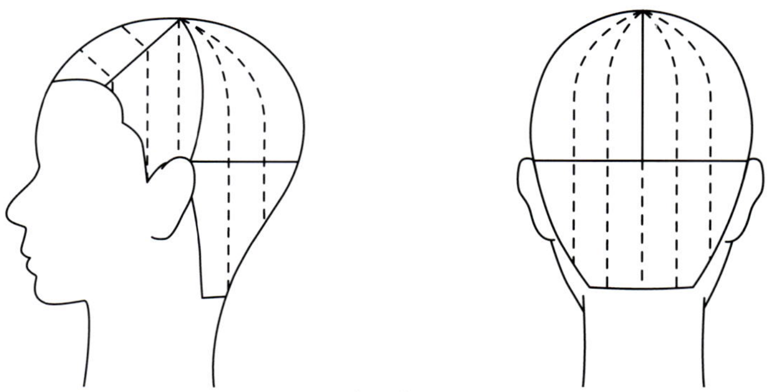

파 팅

· **커트 순서**

섹션	5등분(프린지, 사이드, 백, 네이프)
머리위치	똑바로
파팅	수직, 피봇, 수평
빗질 방향(분배)	직각, 방향
각도(시술각)	일반 각도
손가락 위치	파팅과 평행, 파팅과 비평행
가이드 라인	이동

KEY POINT
• 그래쥬에이션과 레이어의 혼합형은 모발의 길이에 따라 디자인이 달라질 수 있다. • 4가지 스타일의 커트 스타일을 혼합하여 다양하게 연출할 수 있다.

● 5등분 섹션

T.P를 기준점으로 양쪽의 F.S.P까지 가르고 곱게 빗어 핀 세트로 고정한다.

양 사이드는 귓바퀴 1cm 지점까지 나누어 빗어 핀 세트로 고정시킨다.

백 부분은 귀 윗선을 기준으로 수평으로 나눈 후 후두부의 모발을 하나로 곱게 빗어 핀 세트로 고정시킨다. 나머지 윗부분의 모발은 백 센터를 기준으로 나누어 두 개로 곱게 빗어 핀 세트로 고정시킨다.

섹션 앞

섹션 우

섹션 좌

섹션 뒤

완성 앞

완성 우

완성 좌

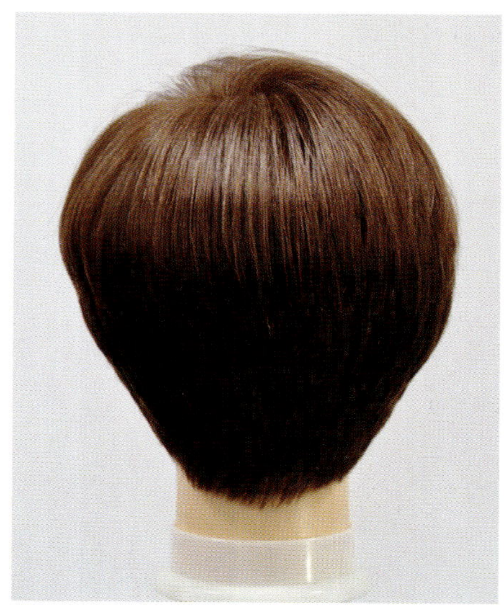

완성 뒤

1 오버, 미들, 언더로 섹션을 분할한 후 언더의 중앙부터 커트를 시작한다.

2 수직 파팅의 직각분배로 두상 곡면의 90°로 두상과 손가락 위치도 평행하게 커트한다.

3 커트된 섹션을 빗으로 확인한다.

4 온 베이스의 이동 가이드로 커트를 진행한다.

5 언더 섹션의 커트된 모습이다.

6 미들 섹션 중앙부터 커트를 시작한다.

7 수직 파팅의 중간 시술각으로 빗어 설정한다.

8 시술각에 주의하여 빗질한 후 커트한다.

9 커트된 섹션의 형태를 확인한다.

10 온 베이스의 중간 시술각을 유지하며 커트를 진행한다.

11 미들 섹션의 백 부분 나머지 모발도 동일한 방법으로 커트를 진행한다.

12 미들 섹션의 백 부분 커트된 모습이다.

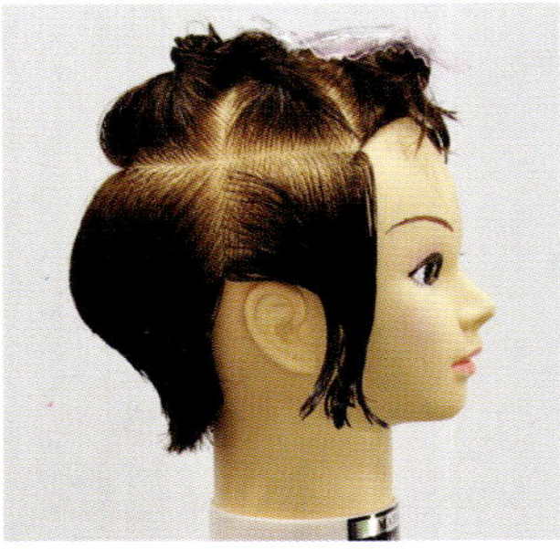

13 미들 섹션의 오른쪽 사이드 수직 파팅한다.

14 얼굴 방향으로 사이드 베이스 중간 시술각, 손가락 위치 비평행으로 커트한다.

15 커트를 계속 진행한다.

16 커트된 모습이다.

17 미들 섹션의 왼쪽 사이드 수직 파팅한다.

18 얼굴 방향으로 사이드 베이스 중간 시술각, 손가락 위치 비평행으로 커트한다.

19 커트된 모습이다.

20 오버 섹션의 T.P를 피봇 점으로 파팅을 나눈다.

21 자연시술각 90°로 두상과 손가락 위치 비평행하게 커트한다.

22 백 부분의 커트된 모습이다.

23 오버 섹션의 왼쪽 사이드 모발을 얼굴 방향으로 사이드 베이스 커트를 진행한다.

24 베이스와 빗질과 손가락에 주의하며 커트를 진행한다.

25 오른쪽도 동일한 방법으로 커트를 진행한다.

26 프린지를 제외한 나머지 모발의 커트된 모습이다.

27 프린지 수평 파팅 후 낮은 시술각으로 커트를 진행한다.

28 시술 후 앞

29 시술 후 우

30 시술 후 좌

31 시술 후 뒤

<table>
<tr><th colspan="6">디자인 실습</th></tr>
<tr><td>주 제</td><td colspan="5"></td></tr>
<tr><td>반</td><td></td><td>학 번</td><td></td><td>성 명</td><td></td></tr>
<tr><td colspan="6">디자인 이미지</td></tr>
<tr><td colspan="6"></td></tr>
</table>

섹션		
	앞	우
	좌	뒤
파팅	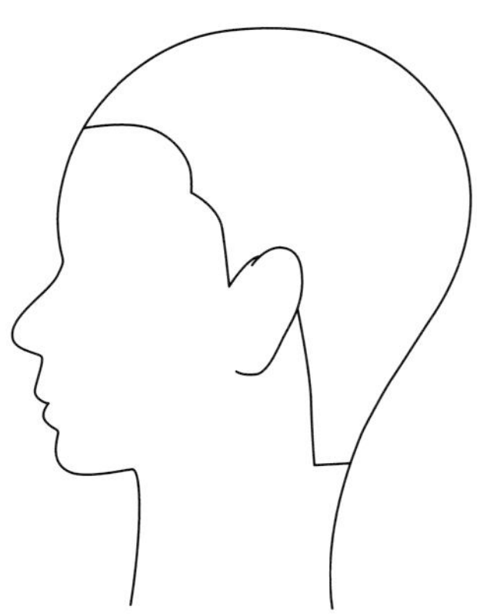	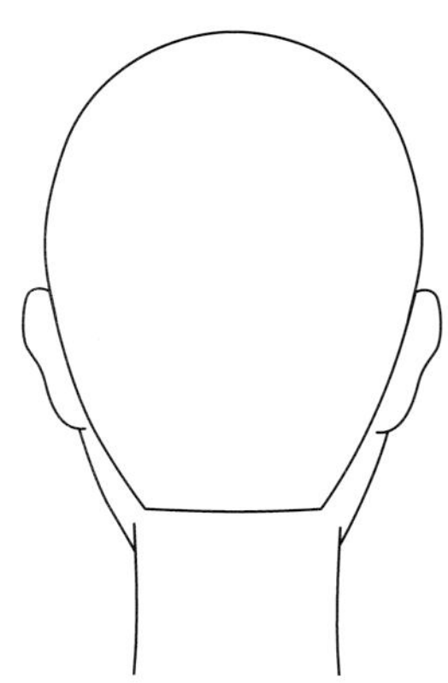

<table>
<tr><td rowspan="4">완성</td><td></td><td></td></tr>
<tr><td>앞</td><td>우</td></tr>
<tr><td></td><td></td></tr>
<tr><td>좌</td><td>뒤</td></tr>
<tr><td>설명</td><td colspan="2"></td></tr>
</table>

BASIC HAIR CUT

제15강
기말고사

15

학습목표

숙련한 커트 기법들을 재정비하여 실기시험에 대비한다.

커트의 4가지 기본형

원랭스

· 수평

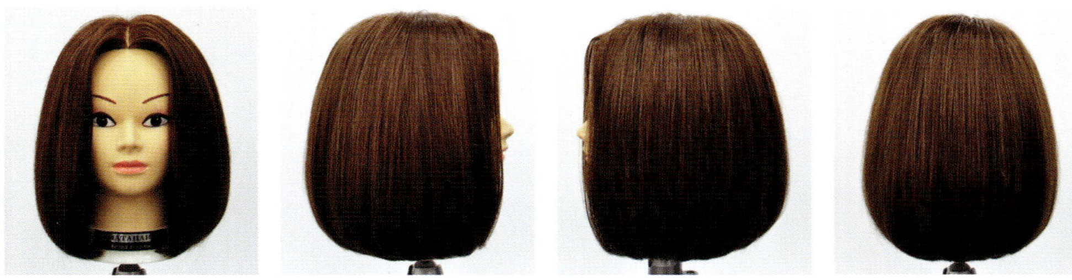

· 전대각

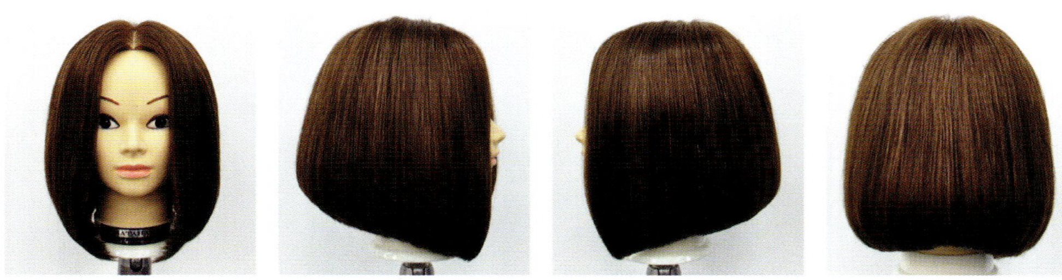

· 후대각

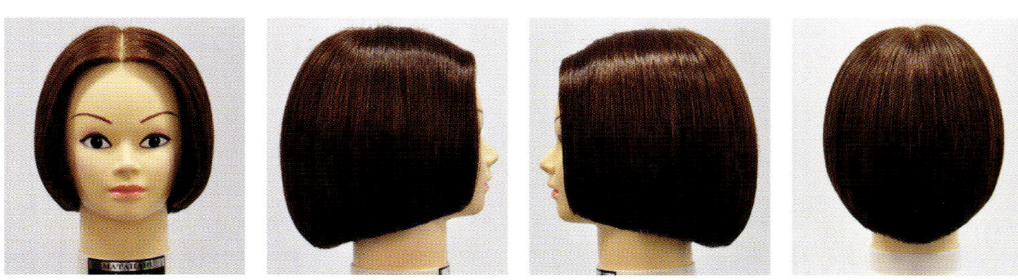

그래쥬에이션

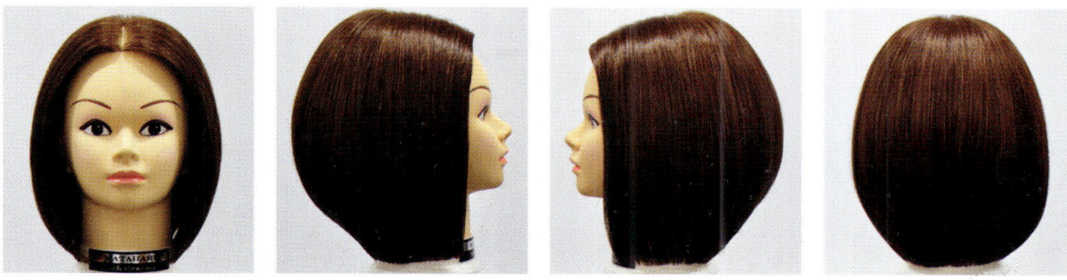

세임 레이어

하이 레이어 1

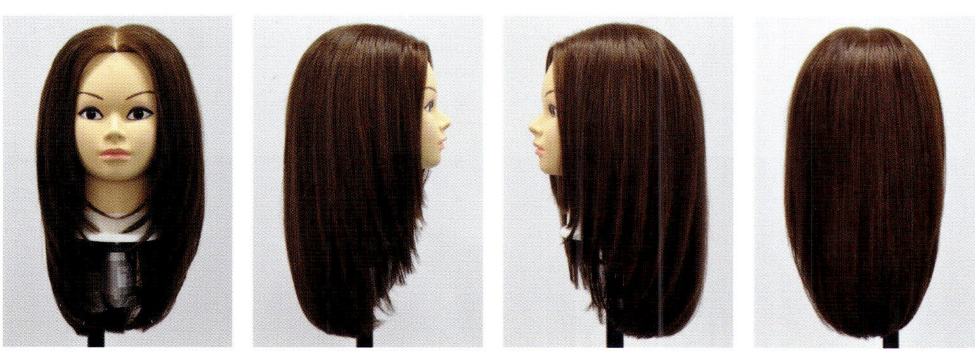

하이 레이어 2

혼합형

· **그래쥬에이션+레이어**

<table>
<tr><th colspan="4">실기평가</th></tr>
<tr><td>반</td><td></td><td>학 번</td><td></td></tr>
<tr><td>제출일</td><td></td><td>성 명</td><td></td></tr>
<tr><td>주 제</td><td colspan="3"></td></tr>
<tr><td rowspan="4">섹션</td><td colspan="2"></td><td></td></tr>
<tr><td colspan="2">앞</td><td>우</td></tr>
<tr><td colspan="2"></td><td></td></tr>
<tr><td colspan="2">좌</td><td>뒤</td></tr>
<tr><td>파팅</td><td colspan="2"></td><td>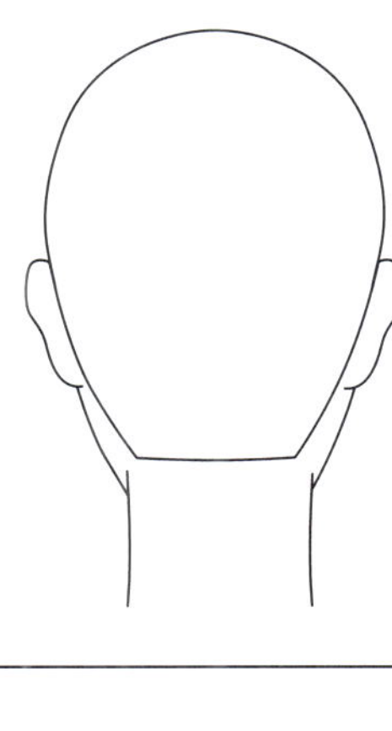</td></tr>
</table>

<table>
<tr><td rowspan="4">완성</td><td></td><td></td></tr>
<tr><td>앞</td><td>우</td></tr>
<tr><td></td><td></td></tr>
<tr><td>좌</td><td>뒤</td></tr>
<tr><td>주제
설명</td><td colspan="2"></td></tr>
</table>

부록

부록 1 두상 그림
부록 2 중간고사 모범답안지

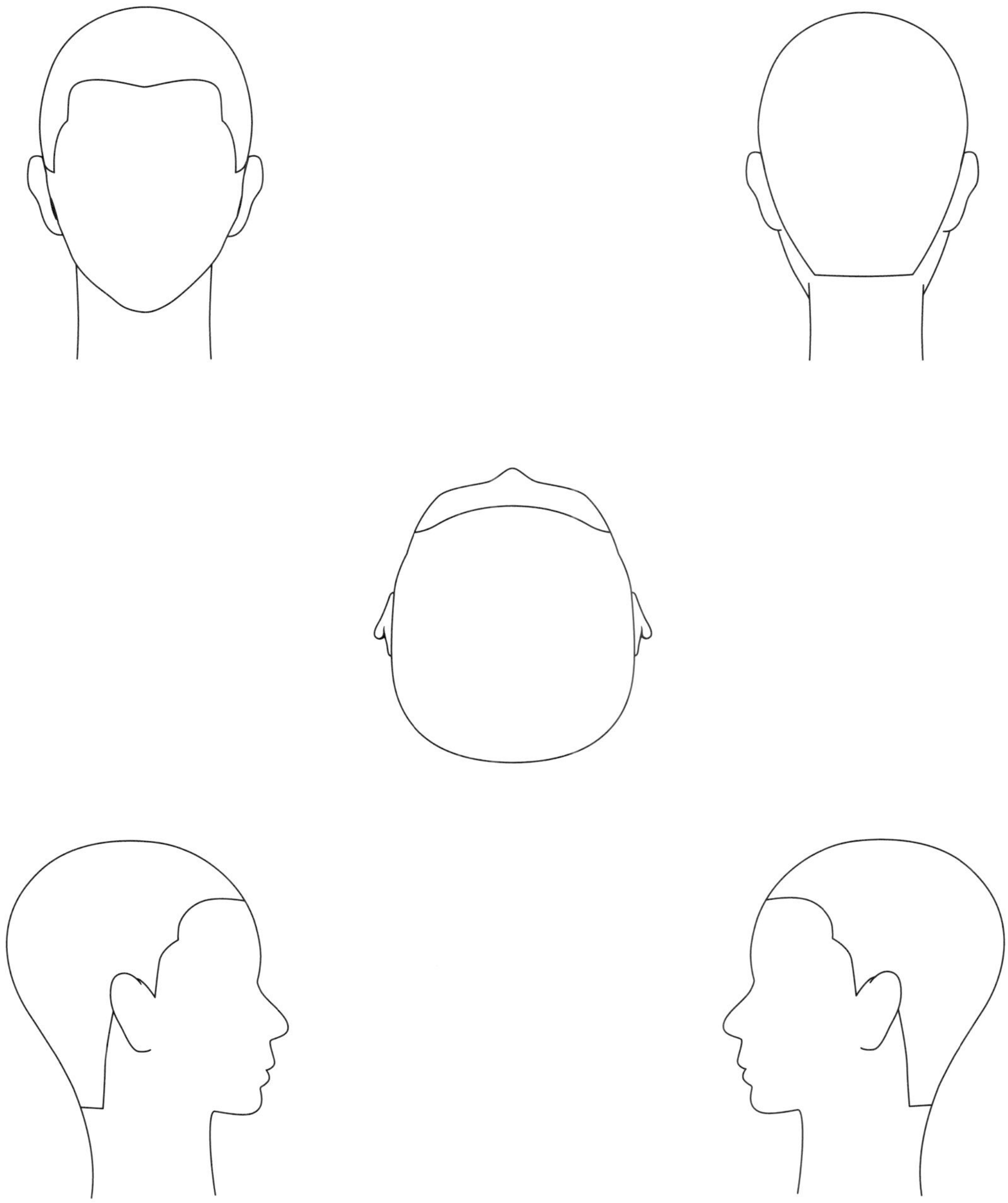

Notes

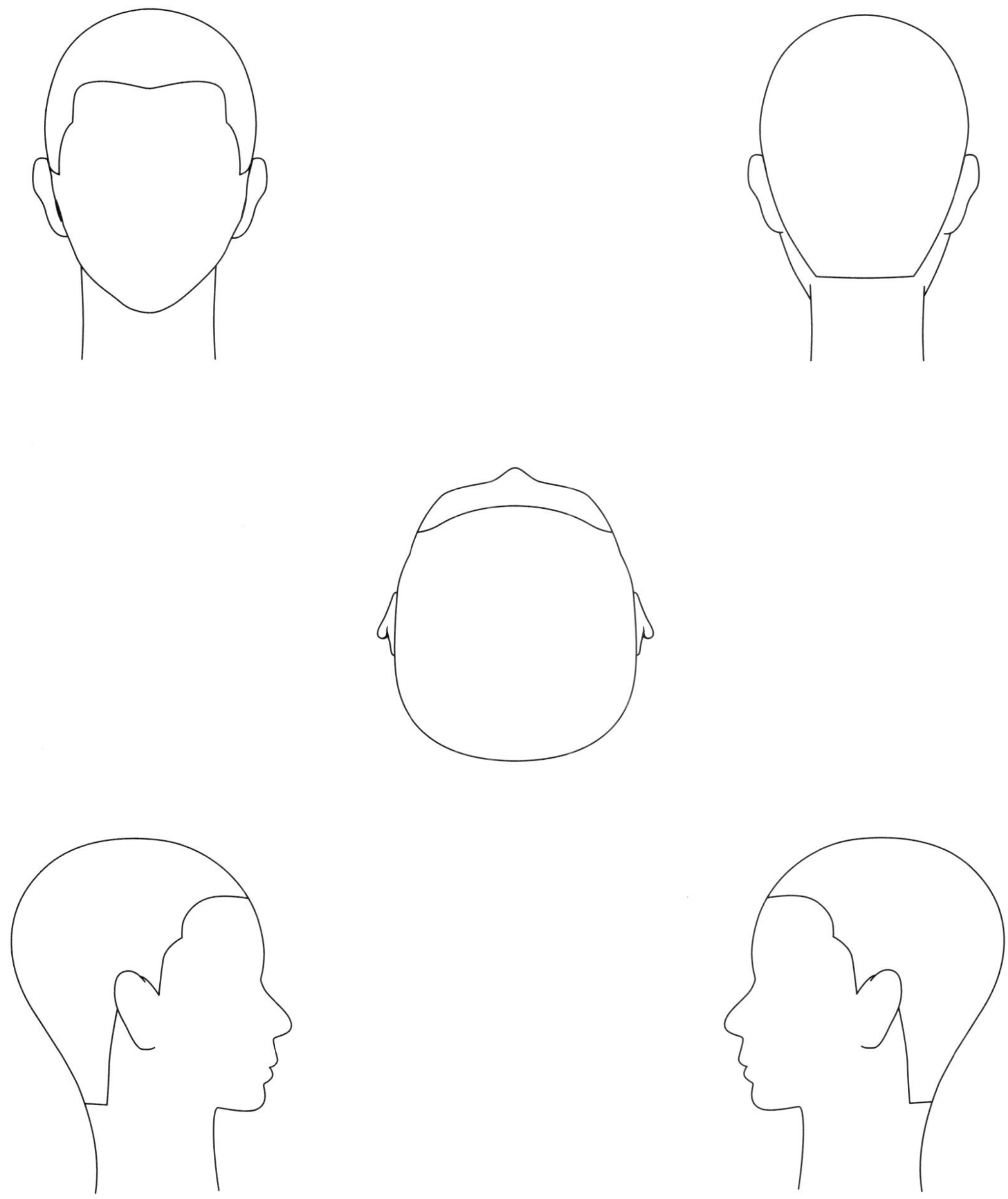

Notes

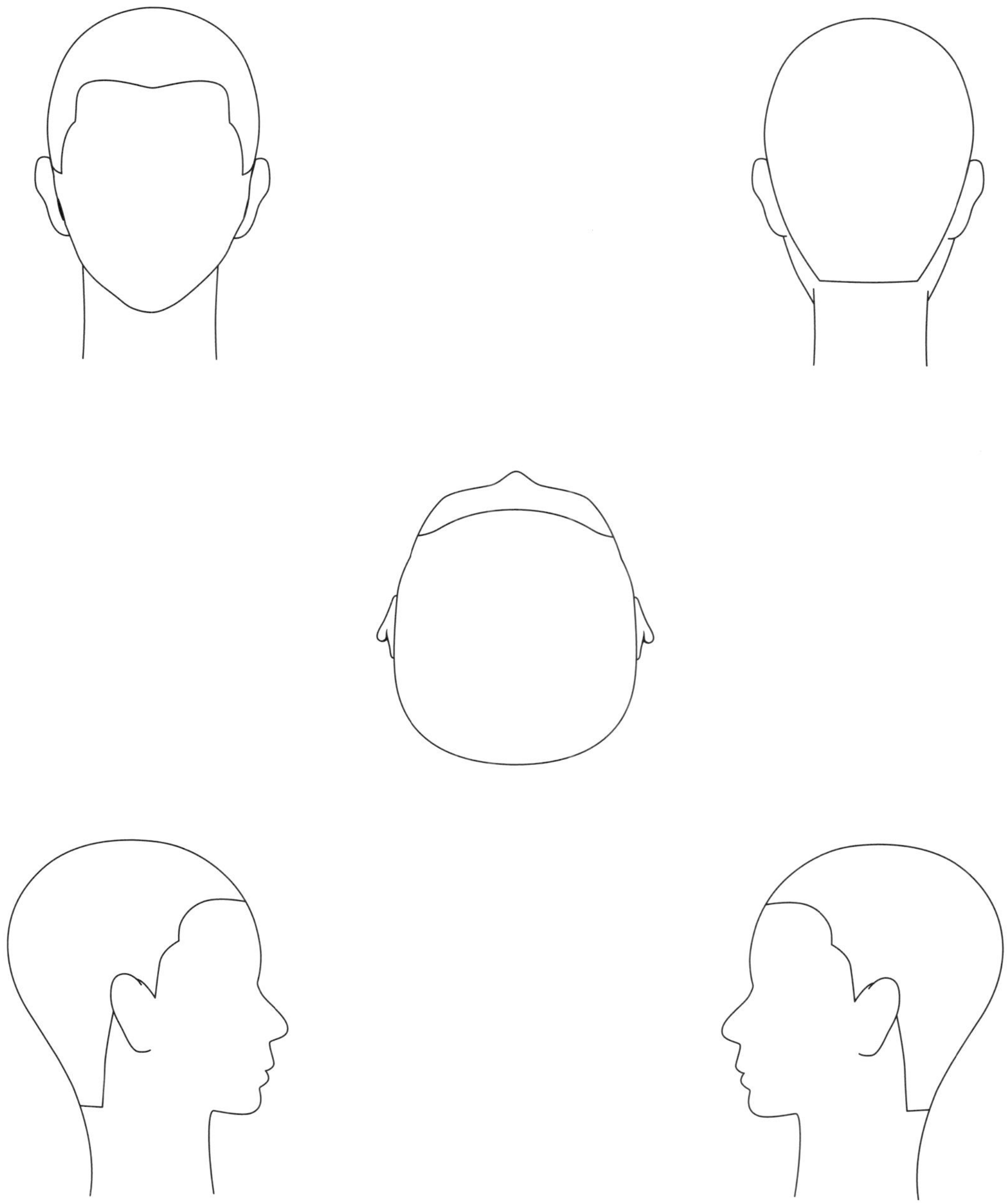

Notes

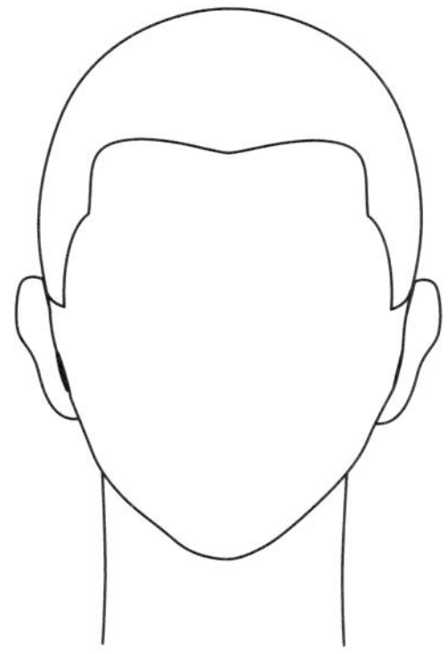

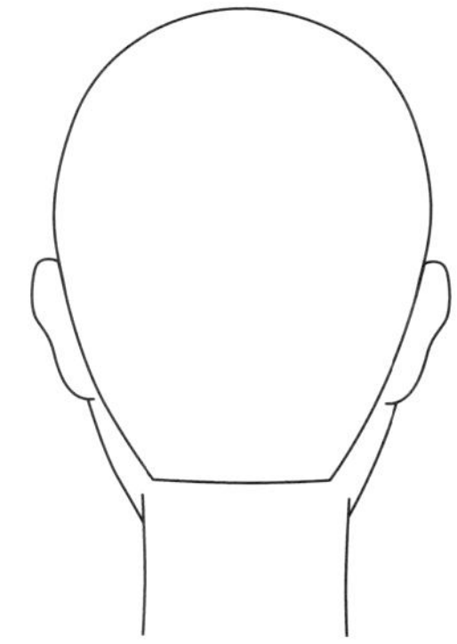

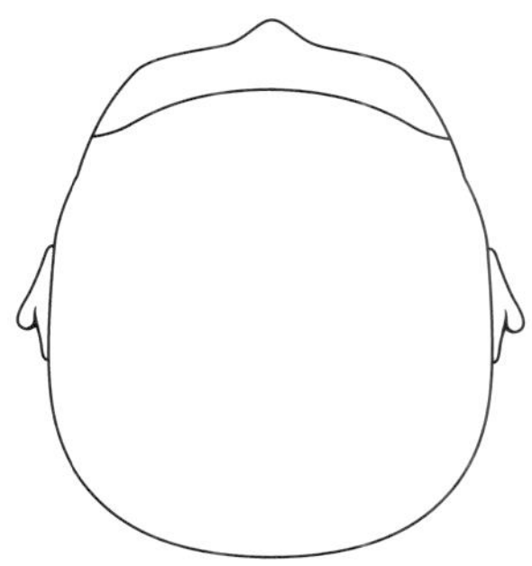

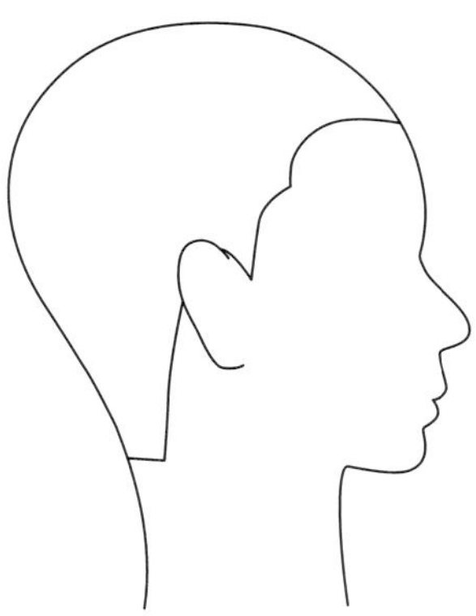

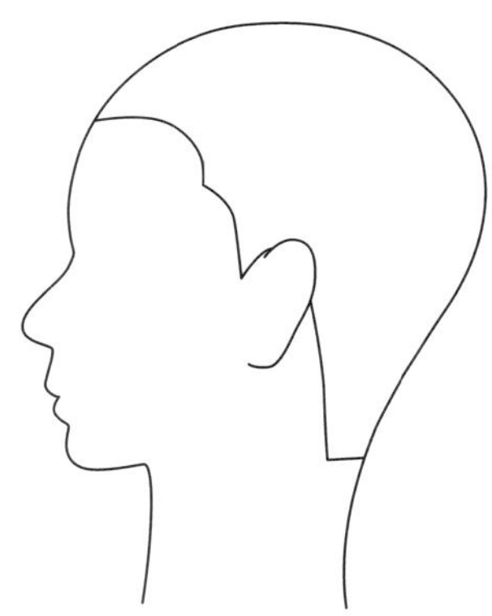

Notes

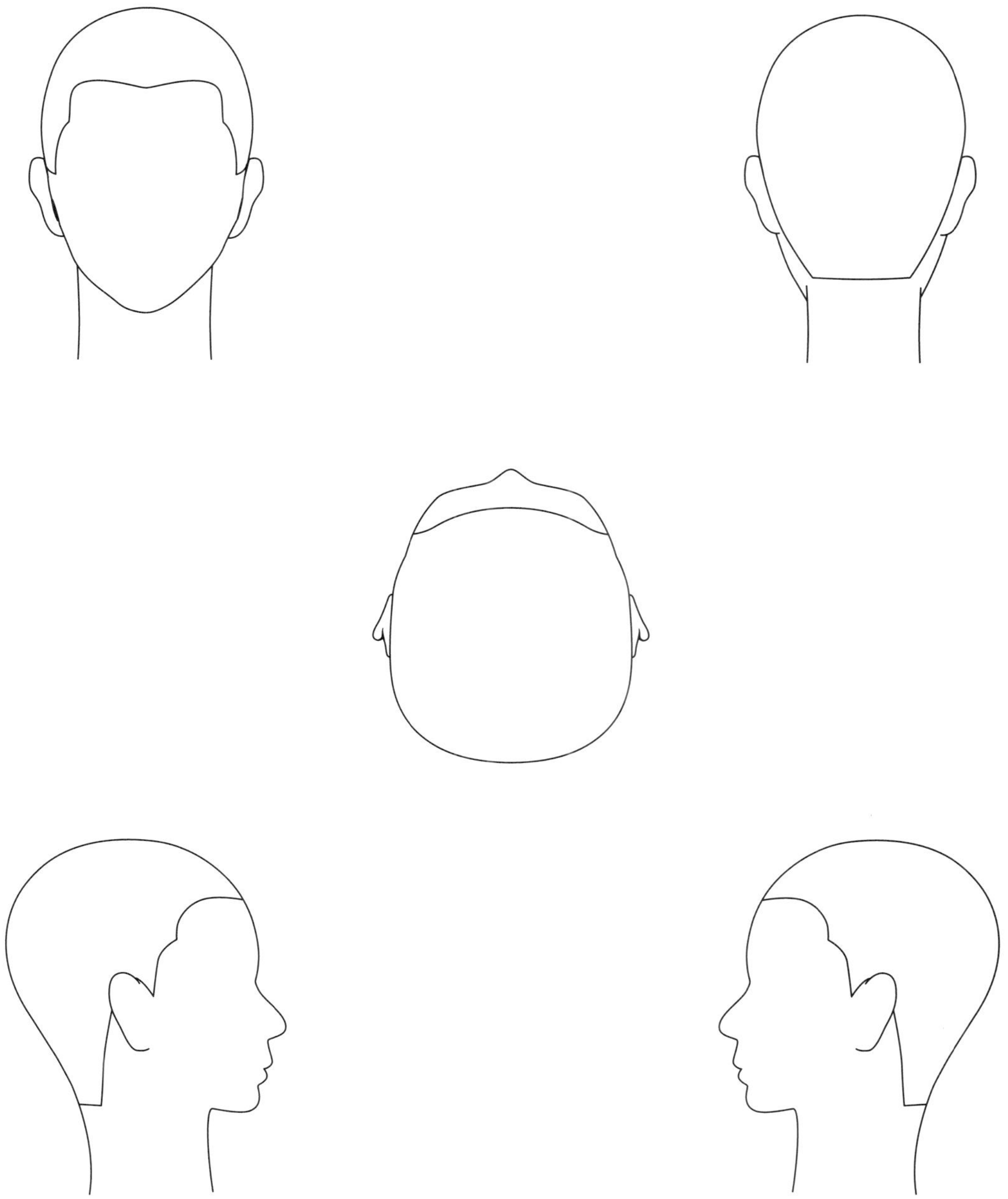

Notes

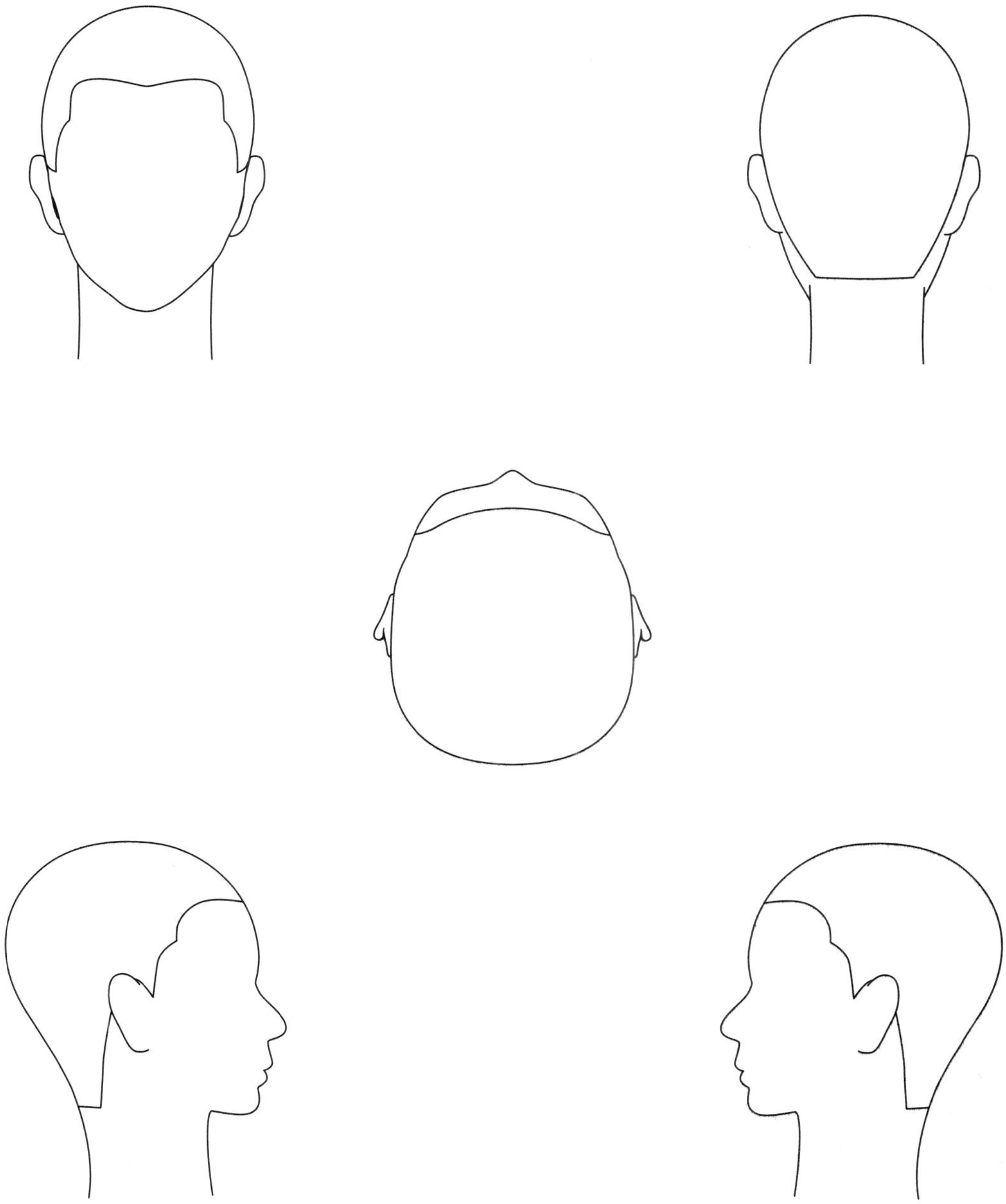

Notes

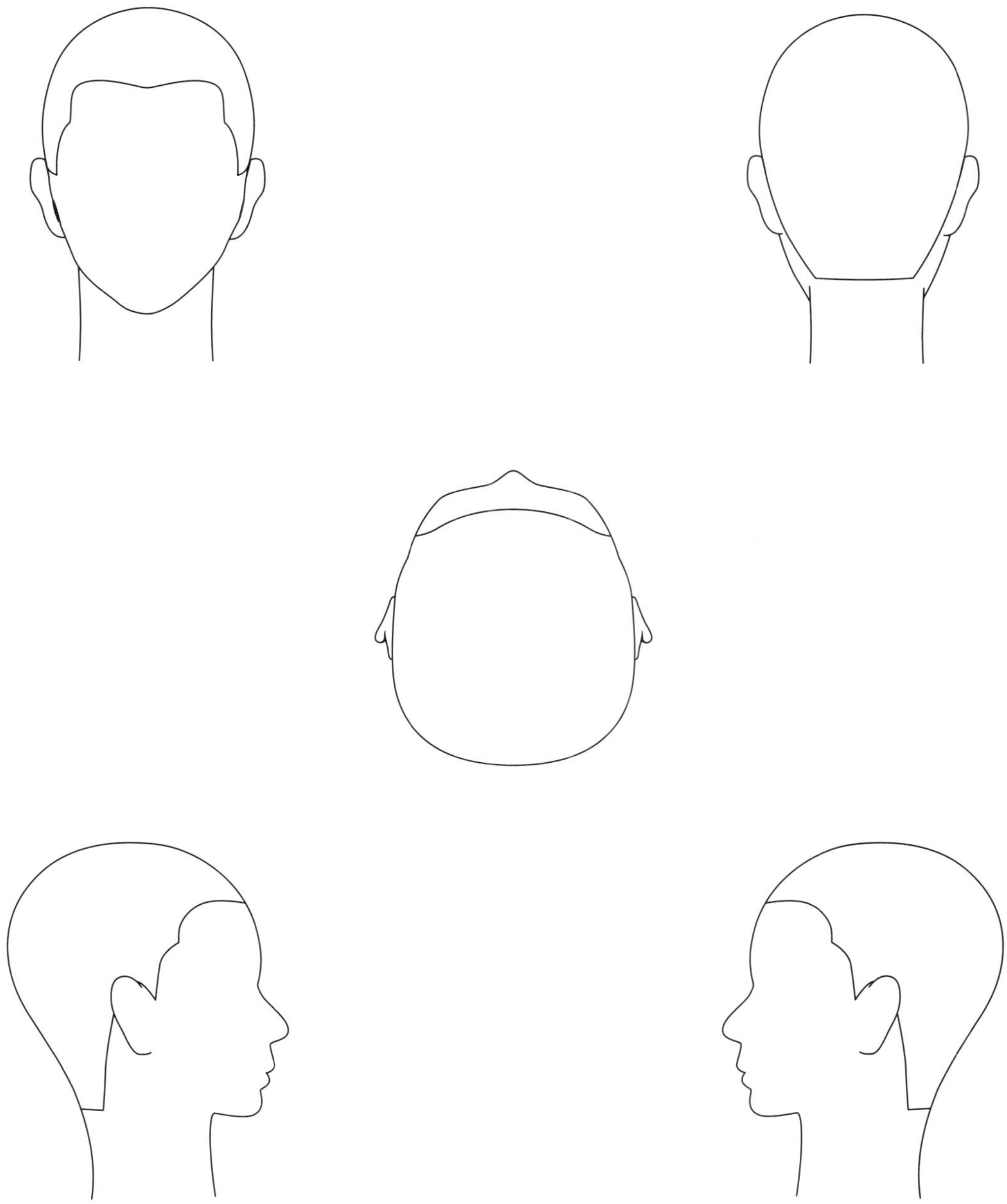

Notes

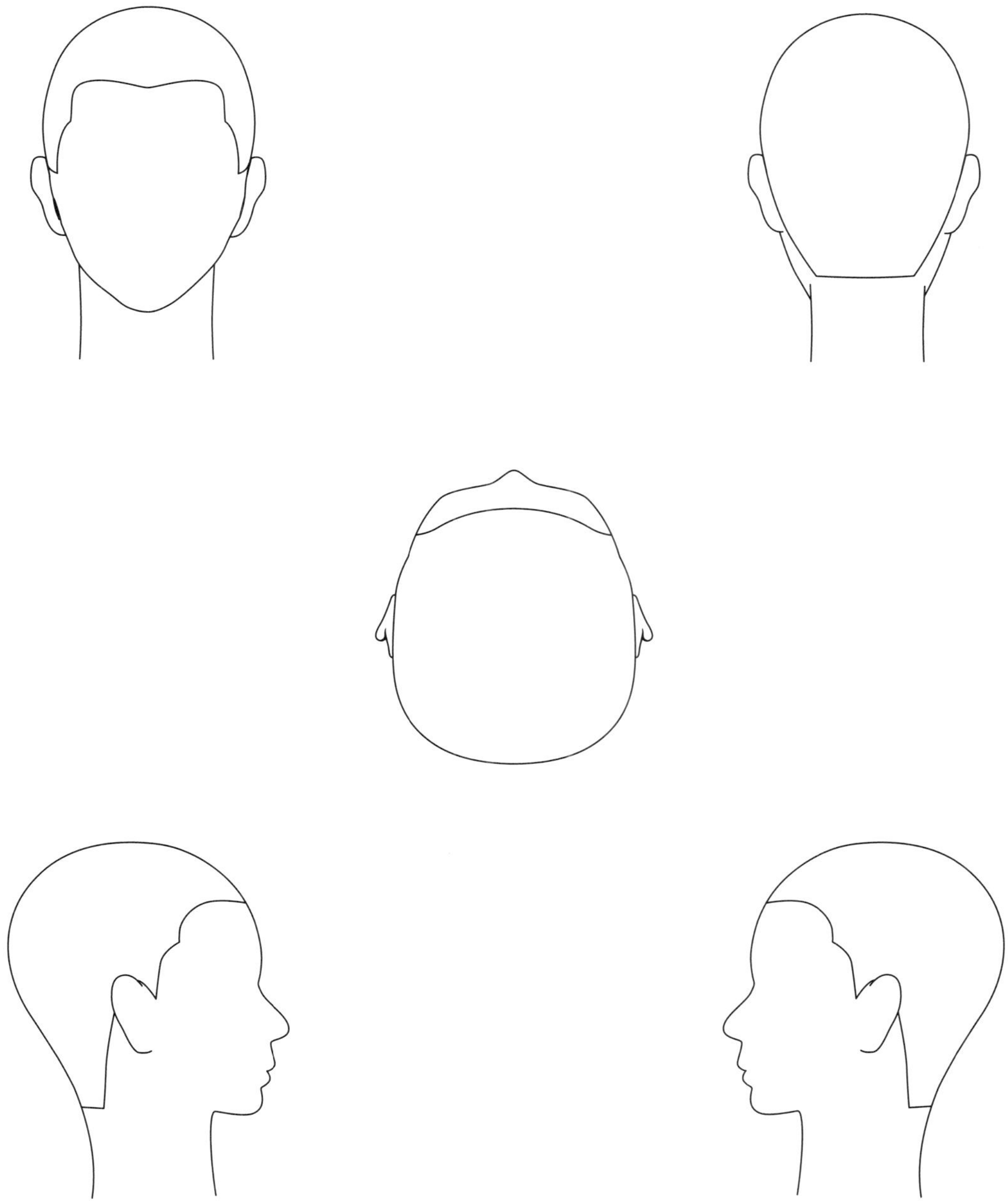

Notes

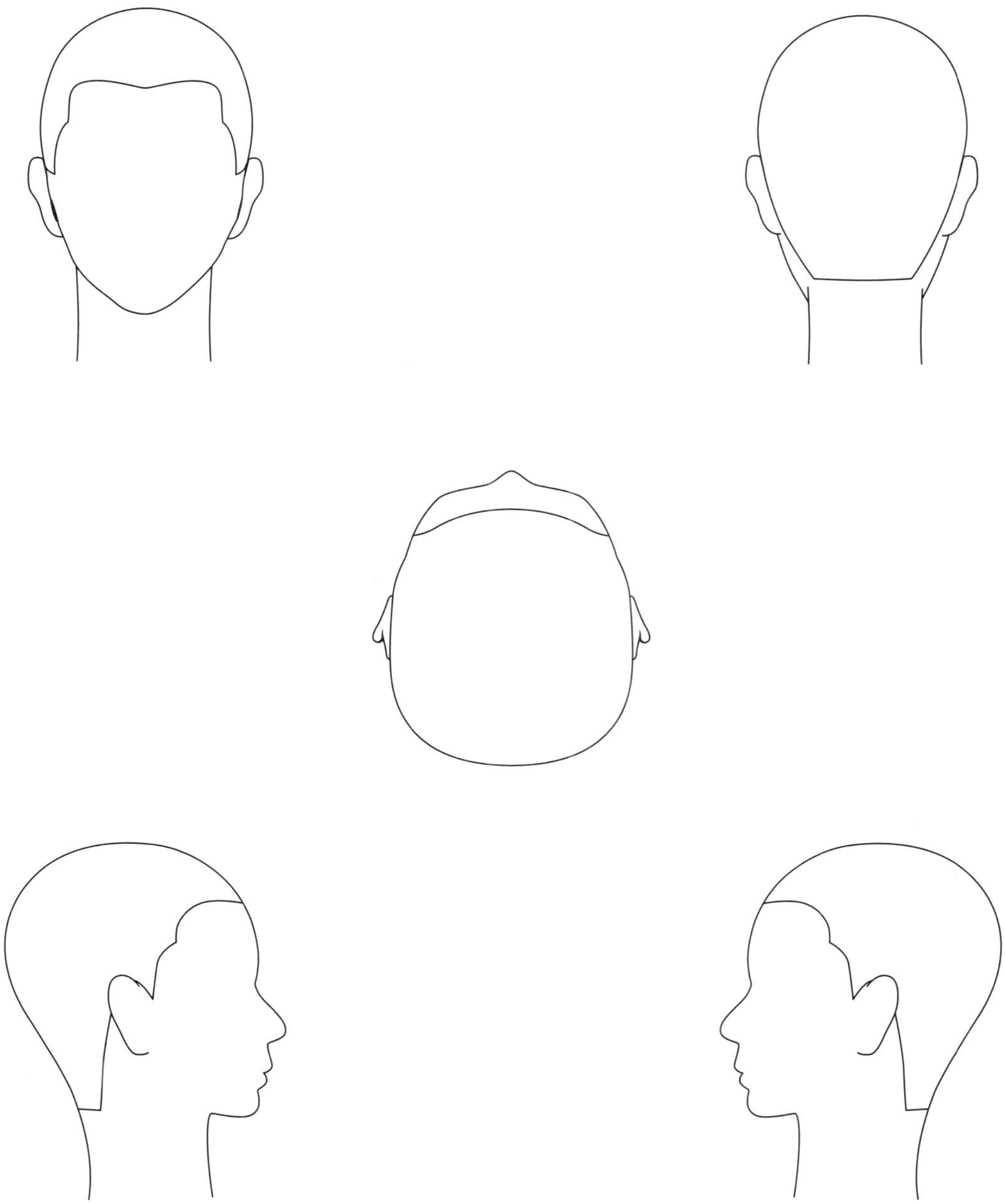

Notes

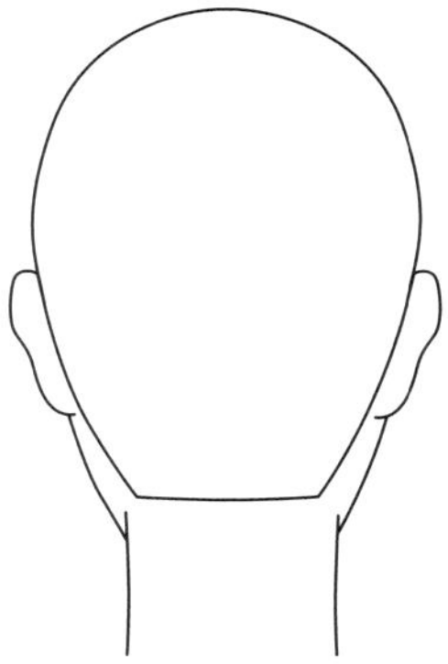

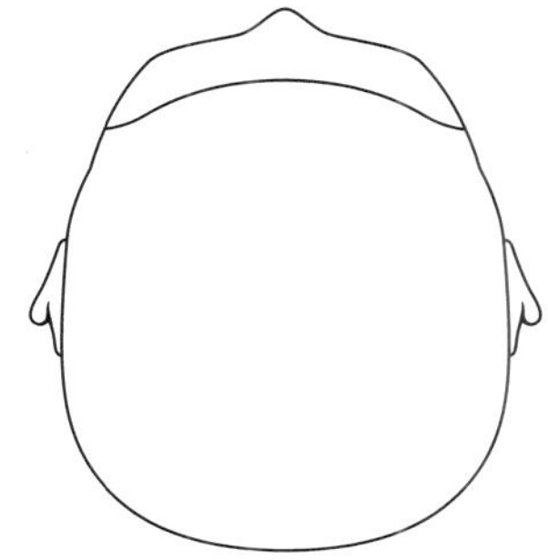

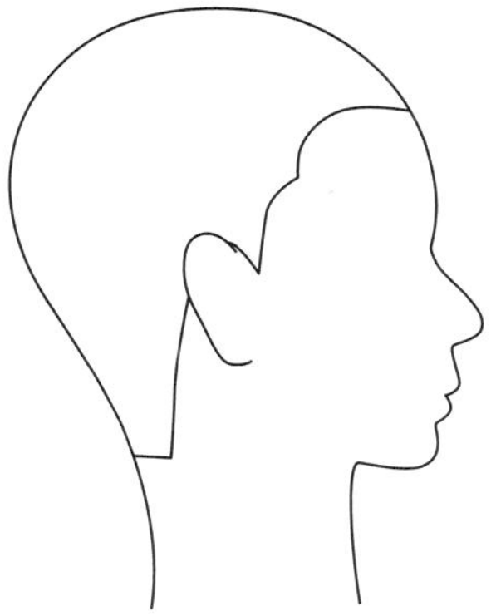

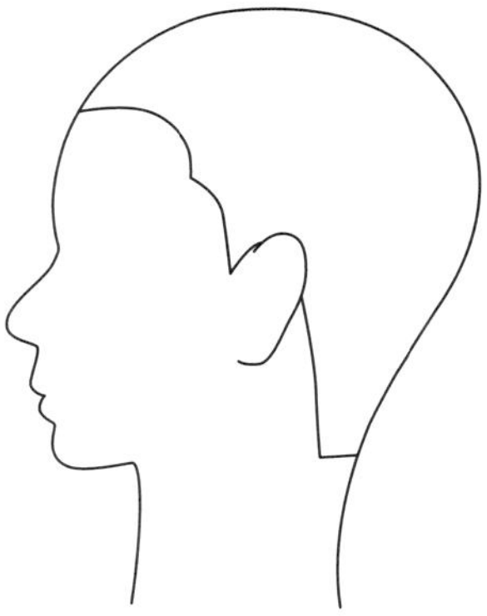

Notes

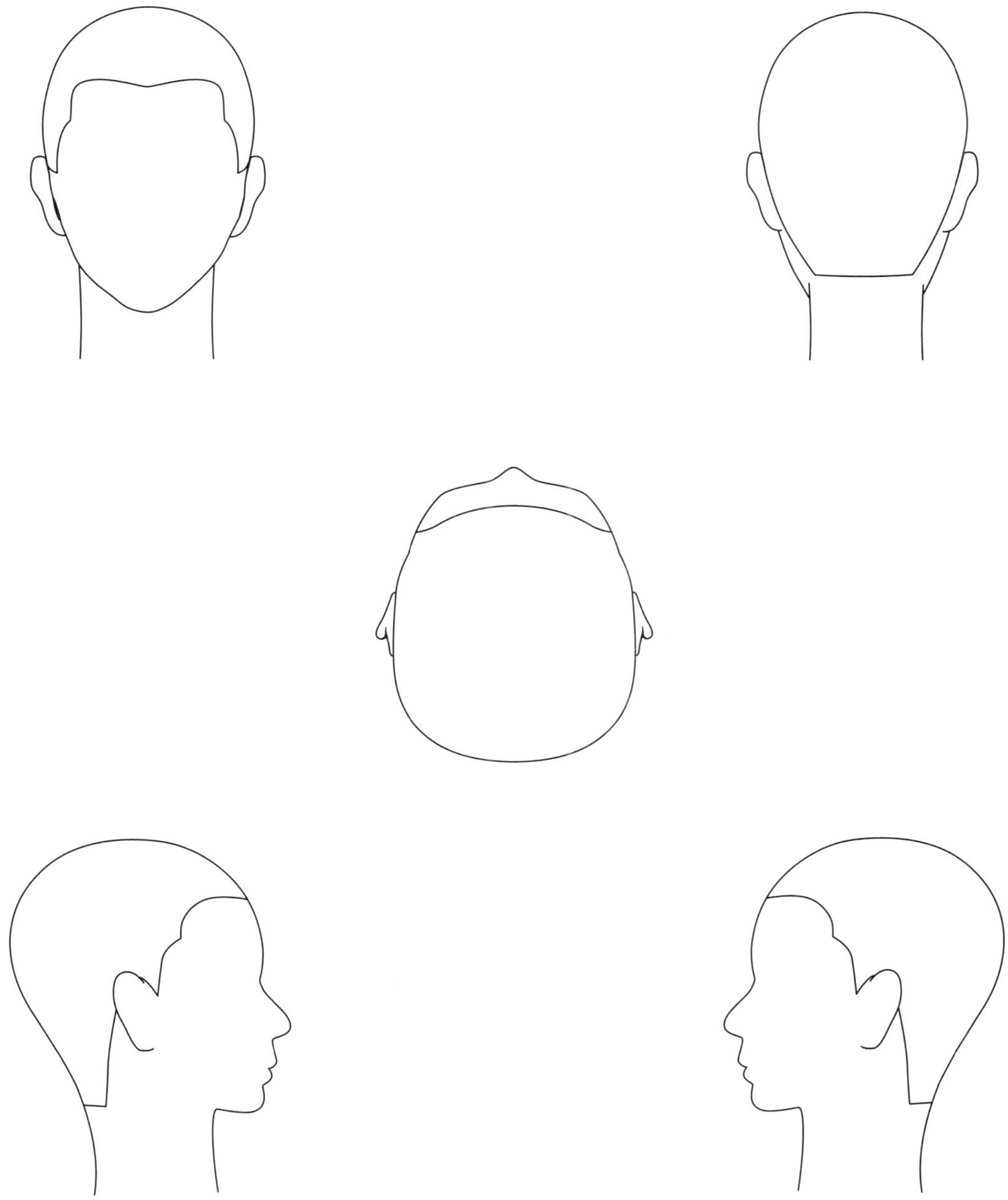

Notes

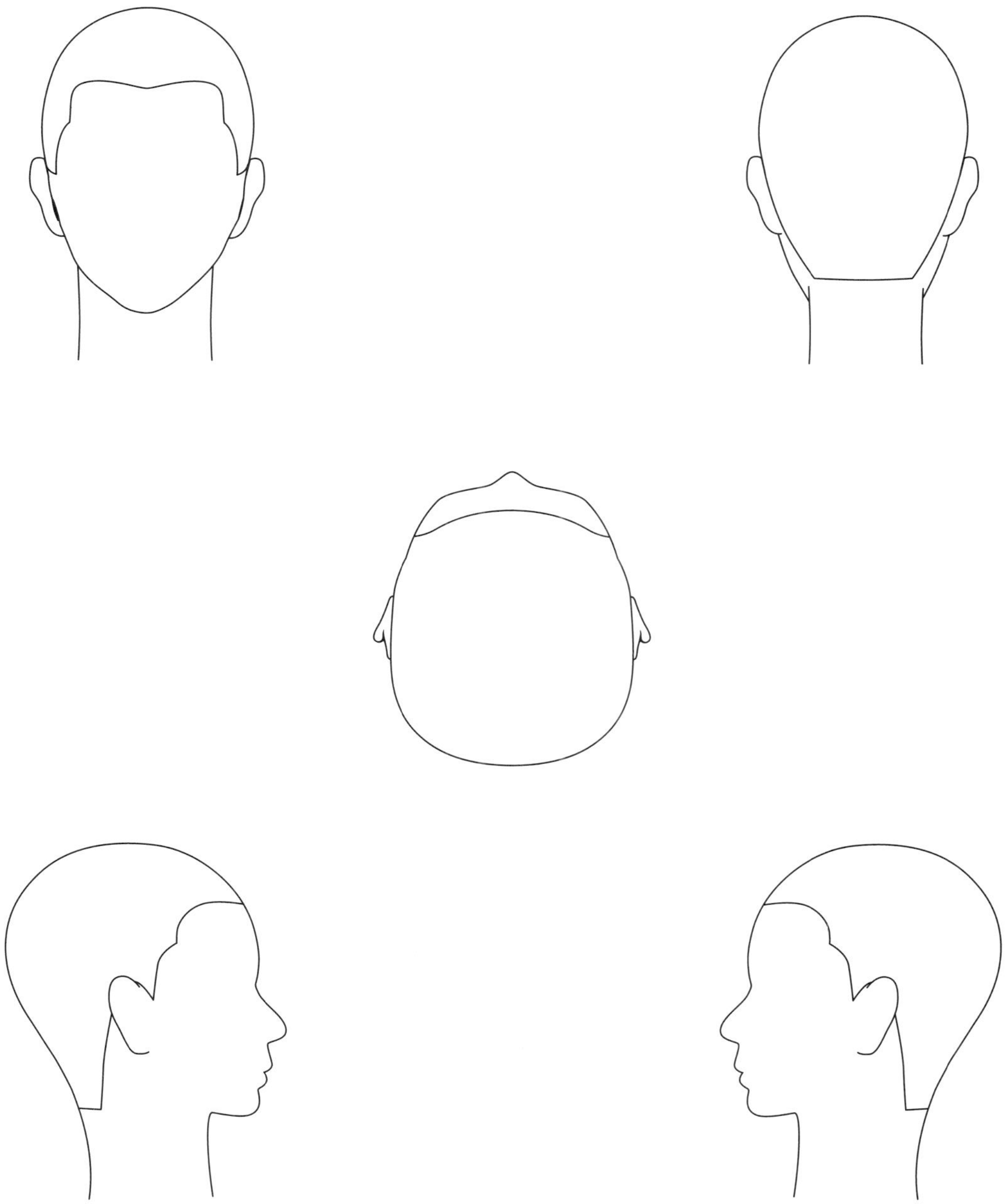

Notes

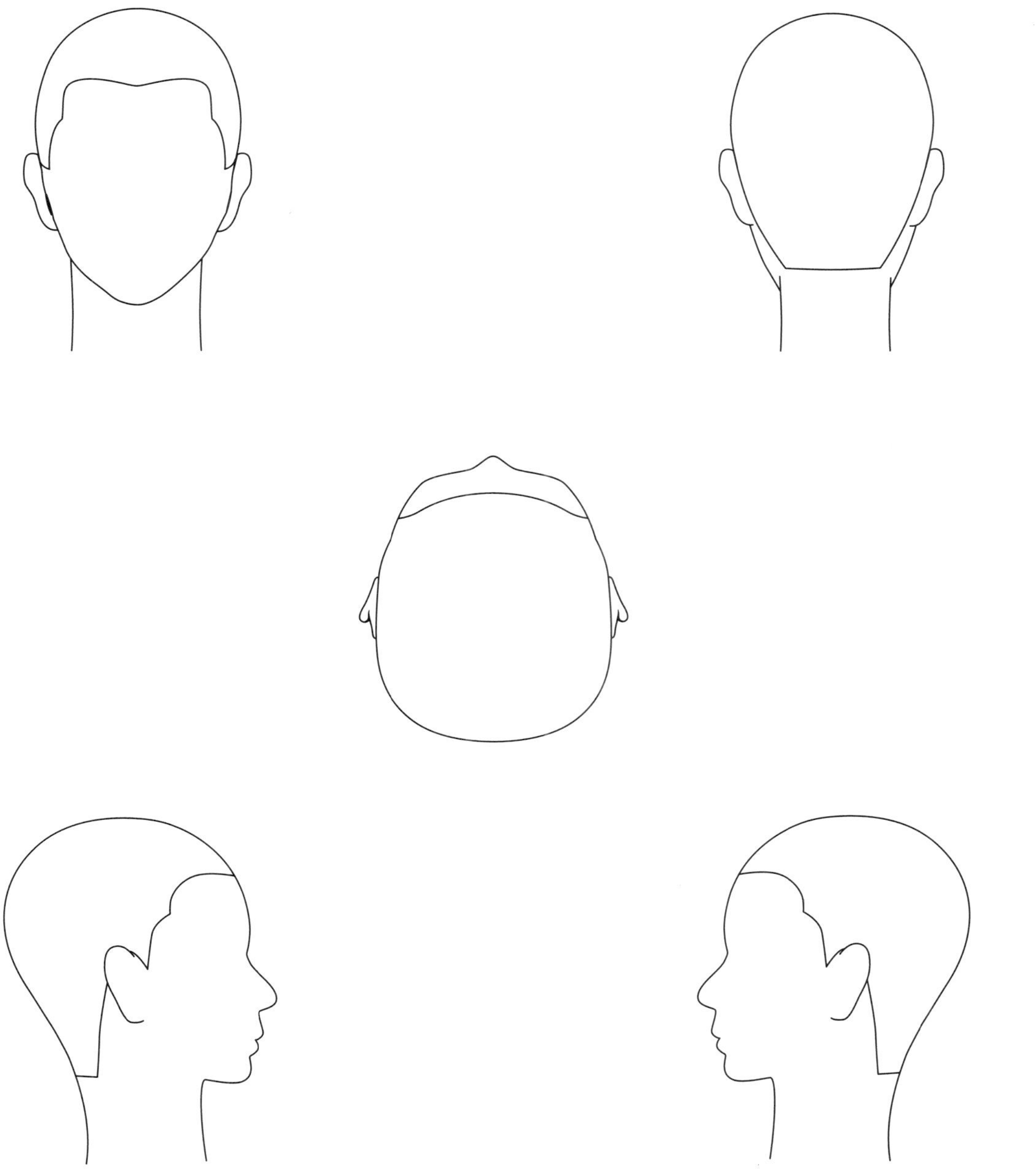

Notes

1 좌우 대칭 커트를 위한 섹션은 무엇인가?

❶ 센터 ② 이어 투 이어 ③ 사이드 ④ 리세션

2 두상의 앞뒤를 나눈 섹션은 무엇인가?

① 센터 ❷ 이어 투 이어 ③ 사이드 ④ 리세션

3 양쪽 프론트 사이드 포인트와 백 포인트를 연결하여 디스커넥션 커트 등 다양한 형태선을 나타내기 위해 사용하는 섹션은 무엇인가?

❶ 리세션 ② 프린지 ③ 라운드 ④ U라인

4 앞머리 커트를 위한 섹션은 무엇인가?

① 리세션 ❷ 프린지 ③ 라운드 ④ U라인

5 좌우의 길이가 같아지게 하는 베이스는 무엇인가?

❶ 온 더 베이스 ② 사이드 베이스 ③ 오프 더 베이스 ④ 프리 베이스

6 모발을 베이스 밖으로 당기는 정도에 따라 길이가 급격한 변화를 보이는 베이스는 무엇인가?

① 사이드 베이스 ❷ 오프 더 베이스 ③ 프리 베이스 ④ 트위스트 베이스

7 빗질 방향 중 중력의 방향으로 0° 빗질하는 것은 무엇인가?

❶ 자연 ② 직각 ③ 변형 ④ 방향

8 빗질방향 중 파팅과 상관없이 한 방향으로 빗질하는 것은 무엇인가?

① 자연 ② 직각 ③ 변형 ❹ 방향

9 모발을 직선으로 자르고 무게감이 있는 커트 선을 만드는 커트 기법은 무엇인가?

❶ 블런트 커트　② 나칭　③ 포인트 커트　④ 콤 컨트롤

10 모발을 45°로 하여 블런트 커트보다 무게감이 없는 선을 만드는 커트 기법은 무엇인가?

① 블런트 커트　❷ 나칭　③ 포인트 커트　④ 콤 컨트롤

11 모발 끝을 쳐내고 나칭보다 불규칙하여 자연스러운 움직임의 커트 선을 만드는 커트 기법은 무엇인가?

① 블런트 커트　② 나칭　❸ 포인트 커트　④ 콤 컨트롤

12 커트 시 손으로 모발을 잡지 않고 빗을 따라 커트하고 최소한의 텐션이 들어가는 커트 기법은 무엇인가?

① 블런트 커트　② 나칭　③ 포인트 커트　❹ 콤 컨트롤

13 많은 양의 모발을 한번에 잡아 커트하고 모량이 적은 상태나 빠른시간에 커트를 끝내야 하는 상황에 사용하는 커트 기법은 무엇인가?

❶ 블록 커트　② 싱글링　③ 트리밍　④ 프리 핸즈

14 모발이 짧아 손으로 잡기 힘든 길이를 커트 하는데 사용하며 주로 남자머리에 사용하는 커트 기법은 무엇인가?

① 블록 커트　❷ 싱글링　③ 트리밍　④ 프리 핸즈

15 튀어나온 모발을 정리하며 빗을 사용하지 않고 엄지에 가위의 고정날을 세워 사용하는 커트 기법은 무엇인가?

① 블록 커트 ② 싱글링 ❸ 트리밍 ④ 프리 핸즈

16 모발에 빗과 손을 대지 않고 디자인 라인을 커트하는 기법은 무엇인가?

① 블록 커트 ② 싱글링 ③ 트리밍 ❹ 프리 핸즈

17 세임 레이어는 두상의 곡면에서 몇 도의 시술각으로 커트 하는가?

① 0° ② 45° ③ 65° ❹ 90°

18 세임 레이어의 베이스 컨트롤은 무엇인가?

❶ 온 더 베이스 ② 사이드 베이스 ③ 오프 더 베이스 ④ 프리 베이스

19 헤어디자인의 3요소가 아닌 것은?

❶ 모양 ② 형태 ③ 질감 ④ 색

20 디스커넥션 커트가 등장한 시기는?

① 1970년대 ② 1980년대 ❸ 1990년대 ④ 2000년대

21 두상 3등분 명칭의 분류가 아닌 것은?

① 인테리어 ② 크레스트 ❸ 곡선 ④ 엑스테리어

22 센터 섹션과 이어 투 이어 섹션이 겹쳐진 섹션은 무엇인가?

① 센터 ② 이어 투 이어 ❸ 사이드 ④ 리세션

23 형태선을 만들 때 사용하는 섹션은 무엇인가?

① 리세션　　② 프린지　　❸ 라운드　　④ U라인

24 골덴 포인트에서 길이를 결정하여 커트하는 섹션은 무엇인가?

① 리세션　　② 프린지　　③ 라운드　　❹ U라인

25 커트 시 가장 많이 사용하는 머리의 위치는 무엇인가?

❶ 똑바로　　② 앞으로　　③ 옆으로(좌)　　④ 옆으로(우)

26 파팅의 종류를 모두 쓰시오.

→ 호리존탈(수평), 버티컬(수직), 다이아거널 포워드(전대각), 다이아거널 백(후대각), 피봇(방사선), 컨벡스(볼록), 컨케이브(오목)

27 베이스의 종류를 모두 쓰시오.

→ 온 더 베이스, 사이드 베이스, 오프 더 베이스, 프리 베이스, 트위스트 베이스

28 커트 빗의 빗살 간격에 다른 명칭을 쓰시오.

→ 얼레살, 고운살

29 모발 위쪽에 레져를 두고 레져로 모발을 쳐내듯이 밑으로 밀어 커트하며 바깥쪽에 미세한 층이 생겨 바깥말음의 효과를 만드는 커트 기법은 무엇인가?

→ 레져 에칭

30 모발 안쪽에 레져를 두고 모발을 들어 올리면서 레져를 앞으로 당겨 커트하며 안쪽에 미세한 층이 생겨 안말음의 효과를 만드는 커트 기법은 무엇인가?

→ 레져 아킹

31 크라운과 탑의 모발 끝에 레져를 감자 깎듯이 뜯어내며 커트하는 기법은 무엇인가?

→ 레져 필링

32 '치다'라는 뜻으로 가위로 모발을 쳐내는 느낌으로 커트하며 형태와 질감, 볼륨감을 동시에 만들고 샤기 스타일을 표현할 때 주로 사용하는 질감처리 기법은 무엇인가?

→ 스트로크

33 가위를 미끄러지듯이 모발 표면에 따라 질감을 조절하고 자연스러움을 주는 질감처리 기법은 무엇인가?

→ 슬라이싱

34 모발 끝을 향해 짧은 모발과 긴 모발을 자연스럽게 연결하는 질감처리 기법은 무엇인가?

→ 슬라이드

35 모발 바깥쪽에 층을 주어 바깥 말음의 효과를 주며 손에 힘이 많이 들어가지 않도록 해야 하는 질감처리 기법은 무엇인가?

→ 베벨 업

36 모발 안쪽에 층을 주어 안말음의 효과를 주며 손에 힘이 많이 들어가지 않도록 해야 하는 질감처리 기법은 무엇인가?

→ 베벨 언더

37 모발 끝선의 무게감을 감소시켜 네이프 목선에 모발을 밀착시키거나 앞머리의 흐름을 주고 디자인 라인의 연결을 하며 빗과 레저를 회전하며 커트하는 질감처리 기법은 무엇인가?

→ 레져 회전

38 테이퍼링 기법 3가지를 쓰시오.

→ 엔드 테이퍼링, 노멀 테이퍼링, 딥 테이퍼링

39 커트의 기본형 4가지를 쓰시오.

→ 원랭스, 그래쥬에이션, 세임 레이어, 하이 레이어

40 원랭스 중 앞이 길어지는 형태를 나타내는 것은 무엇인가?

→ 스파니엘

41 로우 그래쥬에이션의 특징을 쓰시오.

→ 낮은 시술각 1~30°

낮은 시술각도와 낮은 단차(층)의 경사선이 만들어 진다.

무게감과 볼륨이 많이 생기는 스타일이다.

42 미디움 그래쥬에이션의 특징을 쓰시오.

→ 중간 시술각 31~60°

중간 시술각도와 중간 단차(층)의 경사선이 만들어진다.

무게감과 볼륨감이 적당하게 생긴다.

43 하이 그래쥬에이션의 특징을 쓰시오.

→ 높은 시술각 61~89°

높은 시술각도와 높은 단차(층)의 경사선이 만들어진다.

무게감과 볼륨감이 상대적으로 작지만 모발의 가벼운 움직임을 느낄 수 있다.

44 하이 레이어의 다른 명칭은 무엇인가?

→ 인크리스 레이어

45 하이레이어의 커트 라인 중 수평 라인의 특징을 쓰시오.

→ 탑 위 정중선 방향으로 커트하면 수평의 단차(층)가 생긴다.

46 하이레이어의 커트 라인을 모두 쓰시오.

→ 수직-피봇 라인, 수평 라인, 전대각 라인, 후대각 라인

47 레이어 커트의 종류를 쓰시오.

→ 세임 레이어, 하이 레이어

48 원랭스 수평의 커트 순서를 쓰시오.

섹션	센터, 이어 투 이어
머리위치	똑바로
파팅	수평
빗질 방향(분배)	자연
각도(시술각)	자연 각도
손가락 위치	파팅과 평행
가이드 라인	고정

49 세임 레이어의 커트 순서를 쓰시오.

섹션	6등분(언더, 미들, 오버, 사이드, 탑)
머리위치	똑바로
파팅	수직, 피봇, 수평
빗질 방향(분배)	직각
각도(시술각)	일반 각도, 두상 곡면 90°
손가락 위치	파팅과 평행
가이드 라인	이동

50 그래쥬에이션의 커트 순서를 쓰시오.

섹션	센터, 이어 투 이어
머리위치	똑바로
파팅	수평, 전대각
빗질 방향(분배)	직각
각도(시술각)	낮은 시술각
손가락 위치	파팅과 평행
가이드 라인	고정, 이동

참고문헌

- 베이직 컷 프로(이재숙 외, 구민사)
- 베이직 헤어 커트(진용미 외, 훈민사)
- 여성 커트 기본(공복례, 구민사)
- 열두 손가락 업스타일 II (김환, 도원출판사)
- 응용헤어커트(유세은 외, 구민사)
- 헤어 커트 디자인(박선주 외, 훈민사)
- 헤어컬러링(양은진 외, 메디시언)
- 헤어하이레벨 미용장(오영애 외, 푸른출판사)
- 1960년대 헤어커트 스타일을 응용한 여성 헤어 디자인 제안 연구
 (성경아, 한성대학교 예술대학원 석사학위논문)
- Basic cut(김주섭 외, 구민사)
- Basic Cut(지정훈 외, 청구문화사)
- CCC 베이직 커트(김영미 외, 청구문화사)
- DESIGN HAIR CUT(강갑연 외, 광문각)
- HAIR COLORIST(곽진만 외, 청구문화사)
- NCS기반 응용 헤어커트(손지연 외, 구민사)